普通高等学校本科数学规划教材

概率统计同步训练

主　编　石业娇　刘连福　冯　丽

东北大学出版社
·沈　阳·

图书在版编目（CIP）数据

概率统计同步训练 / 石业娇，刘连福，冯丽主编
. —沈阳：东北大学出版社，2021.8
ISBN 978-7-5517-2744-0

Ⅰ. ①概… Ⅱ. ①石… ②刘… ③冯… Ⅲ. ①概率统计—高等学校—习题集 Ⅳ. ①O211-44

中国版本图书馆 CIP 数据核字（2021）第170336号

出 版 者：东北大学出版社
地址：沈阳市和平区文化路 3 号巷 11 号
邮编：110819
电话：024-83680267（社务部）　83687331（市场部）
传真：024-83687332（总编室）　83680178（出版部）
网址：http：//www.neupress.com
E-mail：neuph@neupress.com
印 刷 者：辽宁一诺广告印务有限公司
发 行 者：东北大学出版社
幅面尺寸：185 mm × 260 mm
印　　张：9.5
字　　数：250 千字
出版时间：2021 年 8 月第 1 版
印刷时间：2021 年 8 月第 1 次印刷
责任编辑：刘宗玉
责任校对：郎　坤
封面设计：潘正一
责任出版：唐敏志

ISBN 978-7-5517-2744-0　　　　定　价：28.00 元

前 言

进入21世纪以来，科学技术日新月异，加之计算机的广泛应用及数学软件的普及，高等教育对基础课，尤其是数学课教材提出了更新、更严格的要求. 特别是近几年，国家提出了发展本科教育的新理念. 正是在这种形势下，我们在总结多年本科数学教学经验、探索本科数学教学发展方向、分析国内外同类教材发展趋势的基础上，编写了这套适用于本科理工、经管各专业使用的数学教材.

这套“普通高等学校本科数学规划教材”是根据《国家中长期教育改革和发展规划纲要（2010—2020年）》要求，专门针对本科学生而编写的. 教材内容充分考虑了学生的数学基础和实际水平，兼顾了各专业后续课程教学对数学知识范围的要求，是对后续教学和学生可持续发展（继续教育）的一个恰到好处的基础支撑.

本书为《概率统计同步训练》，是《概率统计》教材的配套辅助教材. 本书的章节安排与《概率统计》教材完全一致.《概率统计同步训练》按教学大纲的要求设置了三个模块：(1) 基础模块；(2) 综合训练；(3) 期末全程测试.

在编写过程中，我们始终注意把握以下几点：

1. 基础模块帮助学生掌握基本概念和基本理论，把握重点知识；

2. 综合训练题的选取力求深浅适度，强调知识覆盖面，无论是从题型、题量，还是从难易程度等方面，都能恰当地反映当前本科数学教学的基本要求，同时兼顾了各专业后续课程教学的要求，实现了对后续教学和学生可持续发展（继续教育）的一个恰到好处的结合；

3. 期末全程测试在帮助学生系统掌握相关知识的同时，更注重对学生获取知识和提高思维能力的培养，可供学生期末综合复习时使用；

4. 本书也可作为学生的作业本，形式比较规范，既便于学生书写、保留，又便于教师批改.

书后没有附上相应习题的答案，目的在于培养学生独立思考问题和解决问题的能力.

本书由石业娇、刘连福、冯丽任主编.

限于作者水平，书中难免有不妥之处，希望各教学单位和读者在使用过程中继续给予关注，并将意见及时反馈给我们，以便修订时改进.

所有意见、建议请发往：453238769@qq.com.

谢谢大家！

编　者

2021年3月

目　录

预备知识

第一部分　基础模块

一、填空题

1. 做一件事，有 m 类办法. 其中，第1类办法中有 n_1 种不同的方法，第2类办法中有 n_2 种不同的方法……第 m 类办法中有 n_m 种不同的方法，则完成这件事共有________种不同的方法.

2. 做一件事，需分 m 个步骤进行. 其中，第1个步骤有 n_1 种不同的方法，第2个步骤有 n_2 种不同的方法……第 m 个步骤有 n_m 种不同的方法，则完成这件事共有_______种不同的方法.

3. 计算：

$A_{10}^3=$______________；$C_8^3=$______________；$C_7^6=$______________；

$A_3^3=$______________；$C_3^3=$______________；$C_7^0=$______________；

$0!=$______________；$A_8^3=$______________；$A_7^1=$______________.

4. 从 n 个不同的元素中任取 $m(m\leqslant n)$ 个元素，按一定顺序排成一列，叫作从 n 个不同的元素中取 m 个元素的一个________；共有________种不同的取法.

5. 从 n 个不同的元素中任取 $m(m\leqslant n)$ 个元素组成一组，叫作从 n 个不同的元素中任取 m 个元素的一个________；共有________种不同的取法.

二、选择题

1. 下列选项正确的是　　(　　)

A. $C_n^m=C_n^{n-m}$　　B. $C_n^1=1$　　C. $C_n^0=0$　　D. $C_n^n=n$

2. 下列选项正确的是　　(　　)

A. $3!=3$　　B. $0!=1$　　C. $0!=0$　　D. $A_n^n=n$

三、从10个人中任意抽出3个人从左到右排成一排，共有多少种排法？

四、从8个人中任意抽出3个人组成一组，共能分成多少组？

五、一个三层书架的上层放有5本不同的数学书，中层放有3本不同的语文书，下层放有2本不同的英语书.

1. 从书架上任取一本书，有多少种不同的取法？
2. 从书架上任取三本书，要求其中数学书、语文书、英语书各一本，有多少种不同的取法？

六、已知从北京到上海的走法有两类：第一类坐火车，由北京到上海每天有早、中、晚三班火车；第二类坐飞机，由北京到上海每天的飞机有早、晚两班. 问一人在一天内从北京到上海共有多少种走法？

七、从甲地经乙地到丙地，需分两步到达：第一步，从甲地到乙地的汽车有早、中、晚三趟；第二步，从乙地到丙地的飞机有早、晚两班．问从甲地经乙地到丙地的走法有多少种？

八、某年全国足球联赛共有12个队参加，每队都要与其他各队在主客场分别比赛一次，应该进行多少场比赛？

九、一口袋中有8个球，从中任取2个球，有多少种取法？

第二部分　综合训练

综合训练（一）

一、填空题

1. 已知 $A_{10}^{m}=10\times9\times8\times7$，则 $m=$________.
2. 从 n 个不同的元素中任取2个元素的排列数是56，则 $n=$________.
3. 红球有3个，黑球有4个，白球有5个，从中任取2球，共有________种不同的取法.
4. 红球有3个，黑球有4个，白球有5个，从中任取3球，其中红、黑、白球各1个，共有________种不同的取法.
5. 一个人有3件上衣、2条裤子和4双鞋，每种取一件，则他可以有________种不同的装扮.

二、计算题

1. A_4^2；2. A_{100}^3；3. A_5^5；4. C_6^3；5. C_4^3；6. $C_6^2\times C_3^1$；7. $6!$.

三、由1，2，3，4，5，6这六个数字可组成多少个：

1. 三位数？
2. 没有重复数字的三位数？
3. 没有重复数字且末位数字是5的三位数？

四、从参加乒乓球团体赛的5名运动员中选出3名参加某场比赛，每名运动员比赛一局，有多少不同的方法排定他们的出场顺序？

五、1. 将2封信投入4个信箱，每个信箱最多投一封，有多少种不同的投法？

2. 将2封信任意投入4个信箱，有多少种不同的投法？

六、某校举行排球比赛，每两个队赛一场，有8个队参加，共需比赛多少场？

七、有8名男生和5名女生，从中任选6人.

1. 共有多少种不同的选法?

2. 其中有3名女生，共有多少种不同的选法?

3. 其中至多有3名女生，共有多少种不同的选法?

4. 其中有2名女生和4名男生，分别担任6种不同的工作，共有多少种不同的选法?

八、从4种不同的蔬菜品种中选出3种，分别种植在不同土质的3块土地上，有多少种不同的种植方法?

九、一个口袋里装有7个不同的白球和1个红球，从口袋中任取5个球.

1. 共有多少种不同的取法?

2. 其中恰有1个红球，共有多少种不同的取法?

3. 其中不含红球，共有多少种不同的取法?

综合训练（二）

一、填空题

1. 四位好朋友约定过年时互寄贺年卡一张，他们一共寄了________张贺年卡.
2. 四位好朋友约定过年时相互通话，以祝贺新年，他们一共通话________次.
3. 一个小组有3名女同学和5名男同学，从中任选一名同学参加比赛，共有不同的选派方法________种；若从中任选一名女同学和一名男同学参加比赛，共有不同的选派方法________种.
4. 6人排成一排，共有________种不同的排法.
5. 3个城市之间的所有直达航线的飞机票共有________种.
6. 计算：

$4!$	C_5^2	C_5^4	A_5^2	A_5^1	C_5^5	$A_5^2C_5^3$	$2!+C_4^2$

7. 已知从 n 个不同的元素中取出2个元素的排列数是56，则 $n=$________.
8. 已知从 n 个不同的元素中取出2个元素的排列数等于从 $(n-4)$ 个不同的元素中取出2个元素的排列数的7倍，则 $n=$________.

二、已知 $\frac{A_n^7-A_n^5}{A_n^5}=89$，求 n 的值.

三、将4封信全部投入3个邮筒.

1. 每个邮筒至少投一封信，有多少种不同的投法?

2. 可以任意投，有多少种投法?

四、现从8个篮球和2个排球共10个球中任意抽取3个球.

1. 共有多少种不同的取法?

2. 恰有一个是篮球的取法有多少种?

3. 至少有一个是篮球的取法有多少种?

4. 恰有一个是排球，再把取出的3个球放在讲台上，排成一排，共有多少种不同的排法?

五、有6个座位连成一排，安排3人就座，恰有两个空位相邻的不同坐法共有多少种？

六、有9本不同的课外书，分给甲、乙、丙三名同学，求在下列条件下，各有多少种不同的分法？

1. 甲得4本，乙得3本，丙得2本；
2. 一人得4本，一人得3本，一人得2本；
3. 甲、乙、丙各得3本.

第一章　随机事件与概率

第一部分　基础模块

习题1–1

一、填空题

1. 记号 $A\bigcap B$ 表示的含义是：____________________.
2. 随机试验的结果叫____________.
3. 所有基本事件组成的集合称为____________.
4. 如果事件A发生必然导致事件B发生，此时A与B的关系是____________.
5. 事件A与事件B不能同时发生，此时A与B的关系是____________.

二、判断对错（正确的打“√”，错误的打“×”）

1. 随机试验是指在相同的条件下可以重复进行的试验.（　　）
2. 随机试验的可能结果是不可能知道的.（　　）
3. 随机试验的所有可能结果在试验前是可知的.（　　）
4. 随机试验不可以重复.（　　）
5. 每次随机试验，出现所有可能的结果是知道的，但在一次试验之前，不能确定会出现哪一个结果.（　　）
6. 随机事件是每次随机试验的结果，是最基本的事件.（　　）

三、设三个随机事件A，B，C，用A，B，C的关系和运算表达下列事件：

1. 只有B发生；
2. A，C都发生，但B不发生；
3. A，B，C至少有一个发生；
4. A，B，C都发生；

5. A，B，C至少有两个发生；

6. 恰有一个事件发生；

7. A发生，B，C都不发生；

8. A与B发生，C不发生；

9. A，B，C都不发生；

10. A，B，C至多有两个发生.

四、指出下列事件中哪些是必然事件、不可能事件和随机事件？

1. 当x是实数时，$x^2 \geqslant 0$；

2. 某地12月1日刮东风；

3. 手机在没电池时，能通话；

4. 一个剧场某天的上座率超过80%；

5. 某人上街买一张彩票中奖.

五、从一个装有许多个红色、白色乒乓球的袋子中任取3个，观察它们的颜色，写出试验的所有基本事件.

六、设$A=\{$三件产品中至少有一件是次品$\}$，$B=\{$三件产品都是正品$\}$，则$A \cup B$，AB各表示什么事件？

七、设A，B为事件，试指出下列各事件的含义：

1. $\bar{A}\cup B$；2. $\bar{A}\cup\bar{B}$；3. $\bar{A}\cap B$；4. $\bar{A}\bar{B}$；5. $\bar{A}A$；6. $\overline{A\cup B}$.

八、若要击落飞机，必须同时击毁两个发动机或击毁驾驶舱，设$A_i=\{$击毁第i个发动机$\}$ $(i=1,2)$，$B=\{$击毁驾驶舱$\}$，试用A_1，A_2，B表示事件“飞机被击落”.

九、对飞机进行两次射击，每次一弹，设$A_i=\{$第i次射击击中飞机$\}(i=1,2)$，试用A_1，A_2及其对立事件表示下列事件：

$B=\{$两弹都击中飞机$\}$，

$C=\{$两弹都没击中飞机$\}$，

$D=\{$恰有一弹击中飞机$\}$，

$E=\{$至少有一弹击中飞机$\}$，

并指出B，C，D，E哪些是互不相容的，哪些是对立的？

习题1–2

一、填空题

1. 已知随机事件 A，则 $P(A)$ 的范围为____________.

2. 在古典概型中，随机事件 A 的概率计算公式为________________________.

二、选择题

1. 若 A，B 是两个任意事件，且 $P(AB)=0$，则 (　　)

   A. A 与 B 互斥　　B. AB 是不可能事件

   C. $P(A)=0$ 或 $P(B)=0$　　D. AB 未必是不可能事件

2. 掷两枚均匀的硬币，出现一正一反的概率为 (　　)

   A. 1/2　　B. 1/3　　C. 1/4　　D. 3/4

三、判断题（正确的打"√"，错误的打"×"）

1. 概率为零的事件是不可能事件. (　　)
2. 概率为1的事件是必然事件. (　　)
3. 不可能事件的概率为零. (　　)
4. 必然事件的概率为1. (　　)
5. 若 A 与 B 互不相容，则 $P(AB)=0$. (　　)

四、从1，2，3，4，5这五个数字中任取3个组成一个三位数，求：

1. 所得三位数为偶数的概率；
2. 所得三位数为奇数的概率.

五、在一个口袋中，装有7个红球和3个白球，现从中任取一球，观察它的颜色后，放回口袋中，然后再从袋中任取一球，观察其颜色，求：

1. 第一次、第二次都取得红球的概率；
2. 第一次取得红球、第二次取得白球的概率；
3. 两次当中，一次取得红球、一次取得白球的概率；
4. 第二次取得红球的概率.

六、在10件同类型的产品中，有6件一等品、4件二等品，现从中任取4件. 设 $A=\{4件都是一等品\}$，$B=\{4件中有一件二等品\}$，$C=\{4件中二等品不超过一件\}$，求事件 A，B，C的概率.

七、房间里有4个人，问至少有2个人的生日是在同一个月的概率是多少？

八、设袋中有4个白球和3个红球，从袋中任取2个球，求取得2个白球的概率.

九、一套含有5分册的书，任意放到书架上，试求下列事件的概率：

1. 第一分册及第五分册分别在两端；
2. 第一分册及第五分册分别不在两端.

十、在编号为1，2，3，…，n 的 n 张赠券中，采取不放回方式抽取，试求在第 k 次（$1 \leqslant k \leqslant n$）抽到2号赠券的概率.

十一、从6双不同的手套中任取4只，求恰好有一双配对的概率.

十二、一部五卷的选集，按任意顺序放到书架上，各卷自左至右或自右至左的卷号顺序恰好是1，2，3，4，5的概率是多少？

习题1–3

一、填空题

1. 对于任意两个事件 A 与 B，有 $P(A\cup B)=$__________________.

2. 如果对于任意两个事件 A 与 B，都有 $P(A\cup B)=P(A)+P(B)$ 成立，那么说明________________________________.

3. 记号 $P(A|B)=$________，它的含义是__________________________________.

4. 对于任意两个事件 A 与 B，$P(AB)=$__________________________________.

5. $P(\Omega|B)=$________，$P(\varnothing|B)=$________.

6. 当 $A\subset B$ 时，$P(A|B)=$________；当 $B\subseteq A$ 时，$P(A|B)=$________.

7. 若 $P(AB)=P(A)P(B)$，则事件 A 与 B ________________.

8. 若事件 A 与 B 相互独立，则 $P(A|B)=$________，$P(B|A)=$________.

二、选择题

1. 设 A，B 为任意两个事件，则 $P(A-B)=$ （　　）

   A. $P(B)-P(AB)$　　　　B. $P(A)-P(B)-P(AB)$

   C. $P(A)-P(AB)$　　　　D. $P(A)+P(B)-P(AB)$

2. 设 $P(A)=a$，$P(B)=b$，$P(A+B)=c$，则 $P(A\bar{B})=$ （　　）

   A. $a-b$　　B. $c-b$　　C. $a(1-b)$　　D. $b-a$

3. 设事件A与B的概率大于零，且A与B为对立事件，则下列结论不成立的是 （　　）

   A. A与B互不相容　　　　B. A与B相互独立

   C. A与B互不独立　　　　D. 以上都不成立

4. 对任意两个事件A与B，一定成立的等式是 （　　）

   A. $P(AB)=P(A)P(B)$　　　　B. $P(A+B)=P(A)+P(B)$

   C. $P(A|B)=P(A)$　　　　D. $P(AB)=P(A)P(B|A)$

三、甲和乙独立地射击同一目标各一次，甲击中目标的概率是0.9，乙击中目标的概率是0.8，求目标被击中的概率.

四、某户人家有3个小孩，已知至少有1个女孩，求该户人家至少有一个男孩的概率.（假设有男孩与有女孩是等可能的）

五、设一袋中有4个红球和3个白球，从袋中任取一个球后，取后不放回，再从这个袋中任取一球，设$A=\{$第一次取得白球$\}$，$B=\{$第二次取得红球$\}$，求$P(B)$及$P(B|A)$.

六、某工厂在甲、乙、丙三个车间生产同一种产品，每个车间的产量分别占全厂的25%，35%，40%. 各车间的次品率分别为5%，4%，2%，求全厂产品的次品率.

七、两台车床加工同样的零件，第一台车床的废品率为0.03，第二台车床的废品率是0.02，并且已知第一台车床加工的零件是第二台车床加工零件的2倍，要求把两车床加工的零件合放在一起，求从产品中任取一件是合格品的概率.

八、某厂在甲、乙、丙三个车间生产同一种零件，三个车间的产量各占50%，30%，20%，三个车间的废品率分别为2%，3%，5%，现任取该厂的一个零件.

1. 求所取零件是废品的概率；
2. 求所取零件是甲车间生产的废品的概率；
3. 若该零件是甲车间生产的，问它是废品的概率为多少？
4. 若该零件是废品，问它是甲车间生产的概率为多少？

九、加工某产品需要经过两道工序，设这两道工序的合格率为0.95，并且两道工序是相互独立的，求至少有一道工序合格的概率.

十、在10个工件中，有6件正品、4件次品，现从中每次取一件，有放回地取3次，试求下列事件的概率：

1. 全是正品；
2. 恰好有1件次品；
3. 恰好有2件次品；
4. 全是次品.

十一、电路由电池A与两个并联的电池B，C串联而成，设电池A，B，C损坏的概率分别是0.3，0.2，0.2. 求电路发生断电的概率.

十二、一头病牛服用某药品后被治愈的概率是0.95，求服用这种药品的4头病牛中至少有3头被治愈的概率.

十三、一个工人看管8部同一类型的机器，在1h内1部机器需要工人看管的概率为$\frac{1}{3}$，求下列事件的概率：

1. 1h内，8部机器中有4部需要工人看管；
2. 1h内，需要工人看管的机器不多于6部.

第二部分　综合训练

综合训练（一）

一、填空题

1. 设A，B，C为三个事件，则事件A，B，C都发生可表示为________，事件A，B，C不都发生可表示为________.
2. 设有5个房间，分给5个人，每人住进每一间房的机会均等，则不出现空房间的概率为________.
3. 加工某产品需经过两道工序，若两道工序都合格的概率为0.96，则至少有一道工序不合格的概率为________.
4. 设A，B为两相互独立的事件，且$P(A)=0.4$，$0<P(B)<1$，则$P(\overline{A}|\overline{B})=$______.
5. 有一张球票，5个人顺序抽签，抽出的不再放回，则每一个人抽到球票的概率为________.

二、选择题

1. 设A，B，C是三个随机事件，则事件A，B，C中至少有两个发生表示为　（　　）

A. ABC　　B. $\bar{A}+\bar{B}+\bar{C}+ABC$　　C. $A+B+C$　　D. $AB+AC+BC$

2. 重复投一枚硬币直至有数字一面出现为止，需要抛掷n次的概率P_n是　（　　）

A. 2^n　　B. $2n$　　C. $n\times2^{-n}$　　D. 2^{-n}

3. 设P在区间［0，5］上随机取值，则方程式$X^2+PX+\frac{P}{4}+\frac{1}{2}=0$有实根的概率为　（　　）

A. 0　　B. $\frac{3}{5}$　　C. $\frac{1}{5}$　　D. $\frac{2}{5}$

4. 射击3次，事件A_i表示第i次命中目标（$i=1$，2，3），则表示至少命中一次的是　（　　）

A. $A_1\cup A_2\cup A_3$　　B. $\overline{A_1\cup A_2\cup A_3}$

C. $A_1\cup\overline{A_2}\cup\overline{A_3}$　　D. $A_1A_2A_3$

5. 一种零件的加工由两道工序组成，第一道工序的废品率为p_1，第二道工序的废品率为p_2，则该零件加工的成品率为　（　　）

A. $1-p_1-p_2$　　B. $1-p_1p_2$　　C. $1-p_1-p_2+p_1p_2$　　D. $2-p_1-p_2$

三、设A，B，C为三个事件，用A，B，C的运算关系表示下列事件：

1. A发生，B与C不发生；
2. A，B，C中至少有一个发生；
3. A，B，C都不发生；
4. A，B，C不多于两个发生；
5. A，B，C至少有两个发生.

四、设$\Omega=\{x|0<x<2\}$，$A=\left\{x\left|\frac{1}{2}<x\leqslant 1\right.\right\}$，$B=\left\{x\left|\frac{1}{4}\leqslant x\leqslant\frac{3}{2}\right.\right\}$，写出下面各事件：

1. $A\bar{B}$；2. $\bar{A}\cup B$；3. $\overline{A\bar{B}}$；4. $\overline{AB}$.

五、将4块糖随机地放入4个杯子中去，求：

1. 每个杯子中都有糖的概率；
2. 4块糖在一个杯子的概率.

六、有10个球，其中有5个蓝色球.

1. 从中任取5个球，求恰有2个球是蓝色球的概率；
2. 从中每次取一球，作不放回抽样，求前2次都是蓝色球的概率；
3. 从中每次取一球，作不放回抽样，求第3次取得蓝色球的概率.

七、有3人参加考试，及格的概率分别为0.5，0.6，0.9，求：

1. 至少一人及格的概率；

2. 都及格的概率；

3. 只有一人及格的概率.

八、设 $P(A)=\frac{1}{4}$ ，$P(B)=0.3$ ，$P(AB)=0.1$ ，求：

1. $P(A+B)$ ；2. $P(A|B)$ ；3. $P(B|AB)$ ；4. $P(A|A\cup B)$.

九、一个系统有3条输入通讯线，数据如下：

输入通讯线	通信量的份额	无误差的讯息量的份额
1	0.4	0.998
2	0.3	0.999
3	0.3	0.997

1. 求随机选择地进入讯号，无误差地被接受的概率；
2. 求随机选择地进入讯号，无误差地被接受的通讯信号是来自第1条输入通讯线的概率.

十、某批种子发芽的概率为0.8，求：

1. 任取100颗种子，恰有80颗发芽的概率；
2. 任取5颗种子，至少有2颗发芽的概率；
3. 至少取多少颗种子，才能保证发芽的概率不小于0.95？

综合训练（二）

一、填空题

1. 设A，B，C为三个事件，则事件A，B，C中至少有两个发生可表示为_______，事件A，B，C中至多有一个发生可表示为__________________.
2. 有甲、乙、丙三个人，每个人都等可能地被分到四个房间的任一间内，则三个人分配在同一房间的概率为_______，三个人分配在不同房间的概率为_______.
3. 从数字1，2，3，4，5中任取3个，组成没有重复数字的三位数，则这个三位数是偶数的概率为_______________.
4. 设A，B为随机事件，A与B互不相容，$P(B)=0.2$，则$P(\bar{A}B)=$________.
5. 一个射手的命中率为80%，另一射手的命中率为70%，两人各射击一次，两人中至少有一个人命中的概率是________.

二、选择题

1. 从1，2，3，4，5这五个数字中等可能地、有放回地接连抽取两个数字，则这两个数字不相同的概率为（　　）

   A. $\frac{1}{2}$　　B. $\frac{2}{25}$　　C. $\frac{4}{25}$　　D. 以上都不对

2. 投掷两枚均匀的骰子，已知点数之和是偶数，则点数之和为6的概率为（　　）

   A. $\frac{5}{18}$　　B. $\frac{1}{3}$　　C. $\frac{1}{2}$　　D. 以上都不对

3. 对于任意两个事件A与B，必有$P(A-B)=$（　　）

   A. $P(A)-P(B)$

   B. $P(A)-P(B)+P(AB)$

   C. $P(A)-P(AB)$

   D. $P(A)+P(B)$

4. 某种动物活到25岁以上的概率为0.8，活到30岁的概率为0.4，则现年25岁的这种动物活到30岁以上的概率是（　　）

   A. 0.76　　B. 0.4　　C. 0.32　　D. 0.5

三、判断题（正确的打“√”，错误的打“×”）

1. 对任意事件A和B，必有$P(AB)=P(A)P(B)$.（　　）
2. 设A，B是Ω中的随机事件，则（$A\cup B$）$-B=A$.（　　）

四、设 $\Omega=\{1,2,\cdots,10\}$，$A=\{2,3,4\}$，$B=\{3,4,5\}$，$C=\{5,6,7\}$，列举出下面各数集的元素：

1. $A\bar{B}$；2. $\bar{A}\cup B$；3. $\overline{\bar{A}\bar{B}}$；4. $\overline{A\bar{B}\bar{C}}$；5. $\overline{A(B\cup C)}$.

五、设 A，B 为随机事件，且 $P(A)=0.7$，$P(AB)=0.3$，求 $P(\overline{AB})$.

六、设 A，B，C 为三事件，且 $P(A)=P(B)=1/4$，$P(C)=1/3$，且 $P(AB)=P(BC)=0$，$P(AC)=1/12$，求 A，B，C 至少有一事件发生的概率.

七、对一个五人学习小组考虑生日问题：

1. 求五个人的生日都在星期日的概率；
2. 求五个人的生日都不在星期日的概率；
3. 求五个人的生日不都在星期日的概率.

八、有甲、乙两批种子，发芽率分别为0.8和0.7，从两批种子中各随机取一粒，求：

1. 两粒都发芽的概率；
2. 至少有一粒发芽的概率；
3. 恰有一粒发芽的概率.

九、某天下雪的概率为0.3，下雨的概率为0.5，既下雪又下雨的概率为0.1，求：

1. 在下雨条件下下雪的概率；
2. 这天下雨或下雪的概率.

十、已知5%的男人和0.25%的女人是色盲，现随机地挑选一人，此人恰为色盲，求此人是男人的概率（假设男人和女人各占人数的一半）.

十一、设A袋中有3个红球、4个白球，B袋中有4个红球、2个白球，从A袋中任取一个球放入B袋中，再从B袋中任取一个球，若从B袋中取出的是白球，求第一次从A袋中取出的也是白球的概率.

十二、设两两相互独立的三事件A，B，C满足条件：$ABC=\varnothing$，$P(A)=P(B)=P(C)<\frac{1}{2}$，且$P(A+B+C)=\frac{9}{16}$，求$P(A)$.

十三、从一副没有大王、小王的52张扑克牌中任意取出13张，问有5张黑桃、3张红桃、3张方块、2张梅花的概率是多少？

第二章　随机变量及其分布

第一部分　基础模块

习题2-1

一、填空题

1. 随机变量通常分为________和______________.
2. 随机变量 $\xi \sim P(\lambda)$，则 $P\{\xi=k\}=$________，$P\{\xi=0\}=$________，$P\{\xi=2\}=$________.
3. 在投掷一次骰子观察出现的点数的过程中，$P\{X=3\}=$________.
4. 常见的离散型随机变量的分布包括________，________，________.
5. 记号 $\xi\sim(0\text{–}1)$ 分布的分布列为________________.
6. 记号 $\xi\sim B(n,\ p)$ 分布称为______分布，其中，$P_n(k)=$______，$P_{10}(2)=$______，$P_{10}(0)=$______.

二、判断下列给出的是否是某个随机变量的分布列：

1. (　　)

ξ	1	3	5
P	0.5	0.3	0.2

2. (　　)

X	1	2	3
P	0.7	0.1	0.1

3. (　　)

Y	0	1	2	…	n	…
P	$\frac{1}{2}$	$\frac{1}{2}\times\frac{1}{3}$	$\frac{1}{2}\times\left(\frac{1}{3}\right)^2$	…	$\frac{1}{2}\times\left(\frac{1}{3}\right)^n$	…

4.（ ）

Y	1	2	…	n	…
P	$\frac{1}{2}$	$\left(\frac{1}{2}\right)^2$	…	$\left(\frac{1}{2}\right)^n$	…

三、一个口袋有6个球，在这6个球上分别标有数字-2，-2，1，1，1，2. 从这个口袋中任取一球. 求取得的球上标明数字ξ的分布列.

四、从一个装有4个红球、2个白球的袋中连续地取球，每次任取一个，共取两次，在下列两种情况下，分别求取得红球的个数ξ的分布列：

1. 有放回地取球；
2. 无放回地取球.

五、已知随机变量 η 的分布列为

η	0	2	4	6	8
P	0.1	0.2	0.3	0.3	0.1

求 $P\{\eta<4\}$，$P\{\eta\geqslant 4\}$，$P\{\eta<3\}$.

六、一篇文章出现错字的个数 ξ 服从泊松分布 $P(0.5)$. 试求 ξ 的分布列，并求一篇文章出现错字不多于1处的概率.

七、每门炮射击一次，命中目标的概率都是0.6，现在5门炮相互独立地向一目标射击一次，求：

1. 击中目标时所需炮数的分布列；
2. 至少击中2发炮弹的概率.

八、从一大批产品中抽检20件，如果发现多于2件次品，那么判定该批产品不合格. 如果该批产品的次品率为5%，那么被判为不合格的概率是多少？

九、设随机变量 $\xi \sim B(2, p)$，$\eta \sim B(3, p)$. 若 $P\{\xi \geqslant 1\} = \frac{5}{9}$，求 $P\{\eta \geqslant 1\}$.

十、设在15只同类型的零件中有2只是次品，从中取3次，每次任取1只，以X表示取出的3只中次品的只数. 分别求出下列两种情形下X的分布律：

1. 每次取出后记录是否为次品，再放回去；
2. 取后不放回.

十一、一个袋子中装有大小、质量相同的6个球，其中3个球上各标有1个点，2个球上各标有2个点，1个球上标有3个点. 从袋子中任取3个球，以 X 表示取出的3个球上点数的和.

1. 求 X 的分布律；

2. 求概率 $P\{4<X\leqslant 6\}$，$P\{4\leqslant X<6\}$，$P\{4<X<6\}$，$P\{4\leqslant X\leqslant 6\}$.

十二、某厂有7个顾问，假定每个顾问贡献正确意见的可能性都是0.6. 现在为某件事的可行与否个别地征求每个顾问的意见，并按多数顾问的意见作决策. 求作出正确决策的概率.

十三、袋子中装有5个白球和3个黑球，从中任取1个，如果是黑球就不放回去，并从其他地方取来一个白球放入袋中，再从袋中取1个球. 如此继续下去，直到取到白球为止. 求直到取到白球为止时所需的取球次数 X 的分布律.

习题2-2

一、填空题

1. 若函数 $f(x)$ 为随机变量 ξ 的概率密度函数，则函数 $\int_{-\infty}^{+\infty} f(x)\mathrm{d}x =$ ________.

2. 若函数 $f(x)$ 为随机变量 X 的概率密度函数，则 $P\{X=c\}=$ _____（c 为任意常数）.

3. 若函数 $f(x)$ 为随机变量 ξ 的概率密度函数，函数 $F(x)$ 为随机变量 ξ 的分布函数，则二者必有_______，且 $F(x)=P\{\xi\leqslant x\}=$ _______，$P\{a<\xi\leqslant b\}=$ _______.

4. 若函数 $F(x)$ 为随机变量 ξ 的分布函数，则对于任意的实数 x，都有________ $\leqslant F(x)\leqslant$ ________，且 $F(-\infty)=$ ________，$F(+\infty)=$ ________.

5. 设随机变量 ξ 的概率密度为 $f(x)=\begin{cases} ax, & |x|\leqslant 1, \\ 0, & \text{其他}, \end{cases}$ 则 $a=$ ________.

6. 已知随机变量 $\xi \sim U[a, b]$，则 ξ 的密度函数是________________________.

二、选择题

1. 设 ξ 的概率密度与分布函数分别为 $f(x)$ 与 $F(x)$，则下列结论正确的是（　　）

A. $0\leqslant f(x)\leqslant 1$　　B. $F(x)=P\{\xi\leqslant x\}$

C. $F(x)=P\{\xi=x\}$　　D. $f(x)=P\{\xi=x\}$

2. 设随机变量 ξ 的密度函数为 $f(x)\begin{cases} 4x^3, & 0<x<1, \\ 0, & \text{其他}, \end{cases}$ 若 $P\{\xi<a\}=P\{\xi>a\}$ 成立，则 a 为（　　）

A. $2^{-\frac{1}{4}}$　　B. $2^{\frac{1}{4}}$　　C. $\frac{1}{2}$　　D. $1-2^{-\frac{1}{4}}$

3. 设随机变量 ξ 的概率分布为 $P\{\xi=k\}=b\lambda^k\ (k=1, 2, \cdots, b>0)$，则 λ 为（　　）

A. 任意正数　　B. $b+1$　　C. $\frac{1}{b+1}$　　D. $\frac{1}{b-1}$

4. 若 $y=f(x)$ 是连续随机变量 ξ 的概率密度，则有（　　）

A. $y=f(x)$ 的定义域为 $[0, 1]$　　B. $y=f(x)$ 的值域为 $[0, 1]$

C. $y=f(x)$ 非负　　D. $y=f(x)$ 在 $(-\infty, +\infty)$ 内连续

5. 设随机变量 X 服从正态分布 $X\sim N(0, 1)$，$Y=2X-1$，则 Y 服从（　　）

A. $N(0, 1)$　　B. $N(-1, 4)$　　C. $N(-1, 1)$　　D. $N(-1, 3)$

6. 已知随机变量 X 服从正态分布 $N(0, 1)$，且 $Y=aX+b$ 服从标准正态分布，则（　　）

A. $a=2$，$b=-2$　　B. $a=-2$，$b=-1$

C. $a=1/2$，$b=-1$　　D. $a=1/2$，$b=1$

三、设随机变量 ξ 的分布函数为

$$F(x)=\begin{cases}0, & x\leqslant -1,\\ A+B\arcsin x, & -1<x<1,\\ 1, & x\geqslant 1.\end{cases}$$

求：1. 常数A与B；

2. $P\{-1\leqslant\xi\leqslant 1\}$，$P\{\xi\leqslant 0\}$，$P\{\xi\geqslant 2\}$.

四、1. 函数 $F(x)=\dfrac{1}{1+x^2}(-\infty<x<+\infty)$ 是否可以作为某一随机变量的分布函数?

2. 函数 $f(x)=\sin x$ 在 $\left[0,\ \dfrac{\pi}{2}\right]$ 上是不是某个随机变量 ξ 的密度函数?

五、设随机变量 ξ 的密度函数为 $f(x)=k\,\mathrm{e}^{-|x|}(-\infty<x<+\infty)$，求：

1. 常数 k；

2. $P\{0\leqslant\xi\leqslant 1\}$，$P\{\xi>0\}$，$P\{\xi\leqslant 1\}$.

六、设随机变量ξ的概率密度为$f(x)=\begin{cases}a, & 1\leqslant x\leqslant 3,\\ 0, & 其他,\end{cases}$ 求：

1. a的值；

2. $P\left\{-2<\xi<\frac{1}{2}\right\}$，$P\{\xi\leqslant 2\}$.

七、某人在某站台候车时间（单位：min）ξ是个随机变量，设$\xi\sim U[0,10]$，求ξ的密度函数及该人在此候车时间小于3min的概率.

八、设$\xi\sim N(0,1)$，查表求下列概率：

1. $P\{\xi<1.45\}$；2. $P\{\xi>0.72\}$；3. $P\{\xi<1.25\}$；4. $P\{-1<\xi<0.55\}$.

九、设$\xi\sim N(2,3^2)$，查表求下列概率：

1. $P\{\xi<2.5\}$；2. $P\{\xi<-2.5\}$；3. $P\{-2.5<\xi<2.5\}$.

习题2-3

一、选择题

1. 如果 ξ 的密度函数是 $f(x)=\begin{cases} x, & 0\leqslant x\leqslant 1, \\ 2-x, & 1<x\leqslant 2, \\ 0, & \text{其他}, \end{cases}$ 那么 $P\{\xi\leqslant 1.5\}=$ （　　）

A. $\int_{-\infty}^{1.5}x\mathrm{d}x$　　B. $\int_{0}^{1.5}(2-x)\mathrm{d}x$　　C. $\int_{0}^{1.5}x\mathrm{d}x$　　D. $\int_{0}^{1}x\mathrm{d}x+\int_{1}^{1.5}(2-x)\mathrm{d}x$

2. 如果 $F(x)$ 是连续随机变量的分布函数，那么下列各结论不成立的是 （　　）

A. $F(x)$ 在整个实轴上连续　　B. $F(x)$ 在整个实轴上有界

C. $F(x)$ 是非负函数　　D. $F(x)$ 严格单调增加

二、设随机变量 ξ 的分布律是

ξ	-1	0	2
p_k	$\frac{1}{6}$	$\frac{1}{2}$	$\frac{1}{3}$

求 ξ 的分布函数并作出分布函数的图形，并求 $P\{\xi\leqslant 1\}$，$P\{-2<\xi\leqslant 1\}$，$P\left\{0\leqslant\xi\leqslant\frac{1}{2}\right\}$，$P\{0<\xi<3\}$.

三、设一个袋中装有依次标有数字−1，2，2，2，3，3的六个球，从此袋中任取一个球，并以 X 表示取得的球上所标有的数字. 求 X 的分布函数.

四、设随机变量 ξ 的密度函数为 $f(x)=\begin{cases}kx, & 0\leqslant x\leqslant 1,\\ 0, & \text{其他},\end{cases}$ 求：

1. 常数 k；
2. ξ 的分布函数；
3. $P\left\{\frac{1}{2}<\xi\leqslant 1\right\}$，$P\left\{\xi\leqslant\frac{1}{3}\right\}$，$P\left\{\xi\geqslant\frac{1}{4}\right\}$.

五、设随机变量 ξ 的密度函数为 $f(x)=\begin{cases}\frac{3}{8}x^2, & 0\leqslant x\leqslant 2,\\ 0, & \text{其他},\end{cases}$ 求 ξ 的分布函数，并作出分布函数的图形.

六、设随机变量 ξ 的分布函数为 $F(x)=\begin{cases}0, & x\leqslant 1,\\ \ln x, & 1<x\leqslant \mathrm{e},\\ 1, & x>\mathrm{e},\end{cases}$ 求：

1. ξ 的密度函数；
2. $P\left\{\frac{1}{2}<\xi\leqslant 1\right\}$，$P\{0<\xi\leqslant 3\}$，$P\{\xi\geqslant 2\}$.

七、设随机变量X的分布函数为 $F(x)=\begin{cases}0, & x\leqslant -a,\\ A+B\arcsin\frac{x}{a}, & -a<x<a,\\ 1, & x\geqslant a,\end{cases}$ 求：

1. 常数A与B；
2. X的密度函数.

习题2-4

一、设 ξ 的分布列如下：

ξ	-2	-1	0	1	2
p_k	$\frac{1}{5}$	$\frac{1}{6}$	$\frac{1}{5}$	$\frac{1}{15}$	$\frac{11}{30}$

求：1. ξ^2 的分布律；

2. $2\xi+1$ 的分布律.

二、设随机变量 $\xi \sim U(0, 1)$，求 $\eta=2\xi+1$ 的概率密度.

三、设随机变量 ξ 的密度函数是 $f(x)=\begin{cases} e^{-x}, & x>0, \\ 0, & \text{其他}, \end{cases}$ 求 $\eta=\xi^2$ 的密度函数.

四、设随机变量 ξ 的密度函数是 $f(x)=\begin{cases}\dfrac{2x}{\pi^2}, & 0<x<\pi, \\ 0, & 其他,\end{cases}$ 求 $\eta=\sin\xi$ 的密度函数.

五、设电流 I 是一个随机变量，它均匀分布在6~8A之间，若此电流通过 3Ω 的电阻，在其上消耗的功率 $W=3I^2$，求功率 W 的密度函数.

六、设随机变量 X 的概率密度为 $f(x)=\begin{cases}e^{-x}, & x\geqslant 0, \\ 0, & x<0,\end{cases}$ 求随机变量 $Y=e^X$ 的概率密度.

*习题2–5

一、设二维随机变量(X, Y)在矩形区域$A=\{(x, y)|a<x<b, c<y<d\}$内服从均匀分布.

1. 求(X, Y)的联合密度与边缘密度；
2. 问X和Y是否相互独立？

二、设二维随机变量(X, Y)的联合密度为$f(x, y)=\begin{cases} c\left(R-\sqrt{x^2+y^2}\right), & x^2+y^2<R^2, \\ 0, & \text{其他}, \end{cases}$求：

1. 系数c；
2. 随机变量$(X; Y)$落在$x^2+y^2\leqslant r^2(r<R)$内的概率.

三、盒子里装有3个黑球、2个红球、2个白球，从其中任取4个球. 以 X 表示取到的黑球的数量，以 Y 表示取到的红球的数量. 求 X 和 Y 的联合分布律及边缘分布律.

四、设随机变量 (X, Y) 的分布函数是 $F(x, y)=\begin{cases}1-e^{-x}-e^{-y}+e^{-x-y}, & x>0,\ y>0,\\ 0, & 其他,\end{cases}$ 求 (X, Y) 的边缘分布函数.

五、设随机变量 (X, Y) 的概率密度函数为 $f(x, y)=\begin{cases}\dfrac{24y(2-x)}{5}, & 0\leqslant x\leqslant 1,\ 0\leqslant y\leqslant x,\\ 0, & 其他,\end{cases}$ 求边缘概率密度.

第二部分　综合训练

综合训练（一）

一、抛一枚均匀的硬币，设 ξ 为一随机变量，设置 $\xi=\begin{cases}0, & \text{出现正面},\\ 1, & \text{出现反面},\end{cases}$ 求随机变量 ξ 的分布律与分布函数.

二、一口袋中有5个乒乓球，上面分别写有号码1，2，3，4，5. 从袋中任取3个乒乓球，以X表示取出的3个球中的最大号码，求X的分布律.

三、某人每次射击击中的概率为0.8，如果此人连续向一目标射击，直到第一次击中目标为止. 求射击次数的分布律.

四、当A为何值时，函数 $f(x)=\begin{cases}A\,e^{-x}, & 0\leqslant x<+\infty,\\ 0, & x<0\end{cases}$ 是随机变量的密度函数？并求ξ的分布函数.

五、某批数量较大的商品的次品率为0.1，从中任意连续地取出5件，求其中次品数ξ的分布列.

六、设随机变量ξ的分布律如下：

ξ	0	1	2
P	$\frac{1}{3}$	$\frac{1}{2}$	A

求：

1. 常数A的值；
2. 随机变量$\xi^2+2\xi$的分布律；
3. 随机变量ξ的分布函数.

七、一批产品的次品率为0.2，从中每次任意抽取10个进行检查，试求：

1. 10个产品中次品数的分布列；
2. 次品数不多于1个的概率；
3. 次品数多于4个的概率.

八、设 $\xi \sim N(0, 1)$，查表求：

1. $P\{0.1 \leqslant \xi < 1.5\}$；2. $P\{-0.1 \leqslant \xi < 1.5\}$；3. $P\{-1.5 \leqslant \xi < 0.1\}$.

九、随机变量 ξ 的分布律为

ξ	0	2	4
P	$\frac{1}{4}$	$\frac{1}{2}$	$\frac{1}{4}$

求随机变量 ξ 的分布函数并作出其图像.

十、设某元件的寿命（单位：h）ξ 的概率密度为 $f(x)=\begin{cases}\frac{1}{600}e^{-\frac{x}{600}}, & x\geqslant 0,\\ 0, & x<0,\end{cases}$ 求该元件的寿命超过300h的概率.

十一、设随机变量 $X\sim N(108,\ 9)$，求：

1. $P\{101.1<X<117.6\}$；
2. 当 a 为何值时，$P\{X<a\}=0.90$？

十二、设随机变量 ξ 服从区间［-1，1］上的均匀分布，求随机变量 $\eta=\frac{1}{2}(\xi+1)$ 的密度函数.

十三、设二维随机变量(X, Y)的联合密度为$f(x, y)=\begin{cases} cx^2y, & x^2\leqslant y\leqslant 1, \\ 0, & 其他, \end{cases}$求：

1. 系数c；
2. 随机变量(X, Y)落在$x\leqslant y\leqslant x^2$内的概率；
3. (X, Y)的边缘密度.

十四、设二维随机变量(X, Y)的联合密度为$f(x, y)=\begin{cases} \frac{1}{2}(x+y)e^{-(x+y)}, & x>0, y>0, \\ 0, & 其他, \end{cases}$问

X和Y是否相互独立？

综合训练（二）

一、填空题

1. 设在一次试验中，事件 A 发生的概率为 p，现进行 n 次独立重复试验，则 A 至多发生一次的概率为________.

2. 设随机变量 $X\sim P(\lambda)$，且 $P\{X=0\}=\mathrm{e}^{-1}$，则 $P\{X=k\}=$________.

3. 设随机变量 X 的概率密度为 $f(x)=\begin{cases}x+c, & 0<x<1,\\ 0, & 其他,\end{cases}$ 则常数 $c=$________.

4. 设随机变量 X 服从泊松分布，且 $P\{X\leqslant 1\}=4P\{X=2\}$，则 $P\{X=3\}=$________.

二、选择题

1. 设 $F(x)$ 和 $f(x)$ 分别为某随机变量的分布函数和概率密度，则必有 (　　)

   A. $f(x)$ 单调不减　　B. $\int_{-\infty}^{+\infty}F(x)\mathrm{d}x=1$

   C. $F(-\infty)=0$　　D. $F(x)=\int_{-\infty}^{+\infty}f(x)\mathrm{d}x$

2. 设随机变量 $X\sim N(1,\ 4)$，已知 $\Phi(0.5)=0.6915$，则 $P\{1\leqslant X\leqslant 2\}=$ (　　)

   A. 0.6915　　B. 0.1915　　C. 0.5915　　D. 0.3915

3. 设随机变量 $X\sim N(0,\ 1)$，X 的分布函数为 $\Phi(x)$，则 $P\{|X|>2\}$ 的值为 (　　)

   A. $2[1-\Phi(2)]$　　B. $2\Phi(2)-1$　　C. $2-\Phi(2)$　　D. $1-2\Phi(2)$

4. 已知 $(X,\ Y)$ 的密度函数为 $f(x,\ y)=\begin{cases}C\sin(x+y), & 0\leqslant x,\ y\leqslant \frac{\pi}{4},\\ 0, & 其他,\end{cases}$ 则 C 的值为 (　　)

   A. $\frac{1}{2}$　　B. $\frac{\sqrt{2}}{2}$　　C. $\sqrt{2}-1$　　D. $\sqrt{2}+1$

三、一袋中有5个乒乓球，上面分别写有编号1，2，3，4，5，从袋中一次取出一个乒乓球，以 X 表示取出的3个球中最大的号码，求随机变量 X 的分布律.

四、设随机变量 X 的概率密度为 $f(x)=\begin{cases}a, & 1\leqslant x\leqslant 3,\\ 0, & 其他,\end{cases}$ 求：

1. 常数 a；

2. X 的分布函数，并作出分布函数的图像.

五、一个袋中有4个球，分别标有数字1，2，2，3，从袋中随机取出2个球，令 X，Y 分别表示第一个球和第二个球上的号码，求（X，Y）的联合分布列.

六、设离散型随机变量 ξ 与 η 的分布列分别为

ξ	0	1	3
P	$\frac{1}{2}$	$\frac{3}{8}$	$\frac{1}{8}$

η	0	1
P	$\frac{1}{2}$	$\frac{2}{3}$

且 ξ 与 η 相互独立，求 $\zeta=\xi+\eta$ 的分布列.

七、设二维随机变量（X，Y）在矩形区域 $A=\{(x, y)|a<x<b, c<y<d\}$ 上服从均匀分布.

1. 求联合密度与边缘密度；

2. 问随机变量 X，Y 是否独立？

八、设 X 和 Y 是相互独立的随机变量，X 在区间（0，1）内服从均匀分布，Y 的概率密度为 $f_Y(y)=\begin{cases}\frac{1}{2}e^{-\frac{y}{2}}, & y>0,\\ 0, & y\leqslant 0.\end{cases}$

1. 求（X，Y）的联合密度函数；

2. 设含有 a 的一元二次方程为 $a^2+2Xa+Y=0$，求 a 有实根的概率.

第三章　随机变量的数字特征

第一部分　基础模块

习题3–1

一、填空题

1. 设随机变量 ξ 具有分布: $P\{\xi=k\}=\frac{1}{5}(k=1，2，3，4，5)$，则 $E(\xi)=$ ________，$E(\xi^2)=$ ________，$E(\xi+2)^2=$ ________.
2. 随机变量 ξ 与 η 相互独立，且 $E(\xi)=2$，$E(\eta)=8$，则 $E(\xi\eta)=$ ________.
3. 设 ξ 表示10次独立重复射击命中的次数，每次射击命中目标的概率为0.4，则 $E(\xi)=$ ________.
4. 已知 $X\sim B(10，p)$，且 $E(X)=2.4$，则参数 $p=$ ________.

二、判断题（正确的打“√”、错误的打“×”）

1. 对任意两个随机变量 X 与 Y，都有 $E(X+Y)=E(X)+E(Y)$.　（　）
2. 若随机变量 X 与 Y 独立，则有 $E(XY)=E(X)E(Y)$.　（　）

三、记 ξ 为某城市一户家庭拥有的自行车的数量（单位：辆），调查得知 ξ 的概率分布为

ξ	0	1	2	3	4
p_k	0.08	0.15	0.45	0.27	0.05

求随机变量 ξ 的期望.

四、一批产品中有一、二、三等品，以及等外品、废品五种，各占该批产品的70%，10%，10%，6%及4%，若售价分别为6元、5元、4元、3元及0元，求该产品的平均售价.

五、已知随机变量ξ的概率密度为$f(x)=\begin{cases}1+x, & -1\leqslant x\leqslant 0,\\ 1-x, & 0<x\leqslant 1,\\ 0, & 其他,\end{cases}$ 求随机变量ξ的数学期望.

六、设ξ的分布列为

ξ	1	2	3
p_k	0.4	0.1	0.5

求：1. $E(2\xi-3)$；2. $E(\xi^2)$；3. $E(\xi^2+2)$.

七、设 $X \sim P(\lambda)$，求 $E(X)$.

八、设随机变量 X 的概率密度为 $f(x)=0.5\,\mathrm{e}^{-|x|}$，求 $E(X)$.

九、设风速 $v \sim U(0,\ a)$，求飞机机翼受到的正压力 $w=kv^2(k>0)$ 的数学期望.

十、一辆客车载有20名乘客，乘客有10个车站可以下车. 如到达一个车站没有乘客下车就不停车. 设每名乘客在各车站下车是等可能的，并设每名乘客是否下车是相互独立的. 以 ξ 表示停车的次数，求 $E(\xi)$.

习题3–2

一、填空题

1. 设随机变量 ξ 具有分布：$P\{\xi=k\}=\frac{1}{5}(k=1，2，3，4，5)$，则 $D(\xi)=$________，$D(3\xi+100)=$____________.

2. 随机变量 ξ 与 η 相互独立，且 $D(\xi)=2$，$D(\eta)=8$，则 $D(\xi+\eta)=$________.

3. 已知随机变量 $\xi\sim U[0，2]$，则 $D(\xi)=$________.

二、选择题

1. 设 ξ 是随机变量，且 $E(\xi)=a$，$E(\xi^2)=b$，c 为常数，则 $D(c\xi)=$ （　　）

A. $c(a-b^2)$　　B. $c(b-a^2)$　　C. $c^2(a-b^2)$　　D. $c^2(b-a^2)$

2. 设 $X\sim P(\lambda)$，且 $D(X)=0.25$，则 λ 的值为 （　　）

A. 2　　B. 1/2　　C. 1　　D. 1/4

3. 设随机变量 X 的方差 $D(X)=\sigma^2$，则 $D(aX+b)=$ （　　）

A. $c\sigma^2+b$　　B. $a^2\sigma^2+b$　　C. $a\sigma^2$　　D. $a^2\sigma^2$

4. 若随机变量 X 的数学期望 $E(X)$ 存在，则 $E[E(X)]=$ （　　）

A. 0　　B. $E(X)$　　C. $E^2(X)$　　D. $E^3(X)$

5. 若随机变量 X 的方差 $D(X)$ 存在，则 $D[D(X)]=$ （　　）

A. 0　　B. $D(X)$　　C. $D^2(X)$　　D. $D^3(X)$

6. 设随机变量 X 满足 $D(10X)=10$，则 $D(X)=$ （　　）

A. 0.1　　B. 1　　C. 10　　D. 100

三、判断题（正确的打“√”，错误的打“×”）

1. 若 X 是连续型随机变量，则有 $D(X+Y)=D(X)+D(Y)$. （　　）

2. 若随机变量 X 与 Y 独立，则有 $D(X+Y)=D(X)+D(Y)$. （　　）

3. 若随机变量 X 与 Y 独立，则有 $D(XY)=D(X)D(Y)$. （　　）

四、设随机变量 $\xi\sim(0-1)$，其中，$P\{\xi=0\}=0.3$，求：

1. $P\{\xi=1\}$；2. $D(\xi)$；3. $D(2\xi-1)$.

五、设随机变量 $\xi \sim U[1, 3]$，求：

1. ξ 的密度函数；2. $D(\xi)$；3. $D(2\xi+1)$.

六、设随机变量 ξ 的分布律为

ξ	0	1	2	3	4
p_k	0.1	0.2	0.4	0.2	a

求：1. a 的值；2. $D(\xi)$；3. $D(1-3\xi)$.

七、已知随机变量 ξ 的概率密度为 $f(x)=\begin{cases}2x, & 0\leqslant x\leqslant 1,\\ 0, & 其他,\end{cases}$ 求：

1. $D(\xi)$；2. $D\left[\frac{1}{3}(\xi-1)\right]$.

八、已知 $\xi_1, \xi_2, \cdots, \xi_n$ 两两相互独立，且 $E(\xi_i)=\mu$，$D(\xi_i)=\sigma\ (i=1, 2, \cdots, n)$. 求：

1. $E\left(\frac{1}{n}\sum_{i=1}^{n}\xi_i\right)$；2. $D\left(\frac{1}{n}\sum_{i=1}^{n}\xi_i\right)$.

*习题3–3

一、选择题

1. 设$D(X)=4$，$D(Y)=1$，$\rho_{XY}=0.6$，则$D(2X-2Y)=$ （　　）

A. 40　　B. 34　　C. 25.6　　D. 17.6

2. 设X与Y分别表示抛掷一枚硬币n次时出现正面与出现反面的次数，则ρ_{XY}为 （　　）

A. 1　　B. −1　　C. 0　　D. 无法确定

二、判断题（正确的打“√”，错误的打“×”）

1. 若X与Y是两个随机变量，且$\rho_{XY}=0$，则$Cov(X, Y)=0$. （　　）

2. 若X与Y是两个随机变量，且$\rho_{XY}=0$，则$D(X+Y)=D(X)+D(Y)$. （　　）

3. 若X与Y是两个随机变量，且$\rho_{XY}=0$，则$E(XY)=EX\cdot EY$. （　　）

4. 若X与Y是两个随机变量，且$\rho_{XY}=0$，则X与Y独立. （　　）

5. 若X与Y独立，则$Cov(XY)=0$. （　　）

三、设二维随机变量（X，Y）的概率密度为 $f(x)=\begin{cases}\dfrac{1}{\pi}, & x^2+y^2\leqslant 1,\\ 0, & 其他,\end{cases}$ 试验证X和Y是不相关的，但X和Y不是相互独立的.

四、设二维随机变量(X, Y)的分布律为

$X \backslash Y$	-1	0	1
-1	$\frac{1}{8}$	$\frac{1}{8}$	$\frac{1}{8}$
0	$\frac{1}{8}$	0	$\frac{1}{8}$
1	$\frac{1}{8}$	$\frac{1}{8}$	$\frac{1}{8}$

试验证X和Y是不相关的，但X和Y不是相互独立的.

五、设随机变量$X \sim N(\mu, \sigma^2)$，$Y \sim N(\mu, \sigma^2)$，且X和Y是相互独立的，求$Z_1 = 2X + Y$和$Z_2 = 2X - Y$的相关系数.

六、设随机变量(X, Y)的密度函数为$f(x, y) = \begin{cases} 1, & 0 < x < 1, \ |y| < x, \\ 0, & \text{其他}, \end{cases}$ 求$E(X)$，$E(Y)$，$Cov(X, Y)$.

*习题3-4

一、一保险公司有1万个投保人，每个投保人索赔金额的数学期望是280美元，标准差为800美元，求索赔总金额超过270万美元的概率.

二、计数器在进行加法运算时，每个加数舍入的误差相互独立，且都在（-0.5，0.5）内服从均匀分布. 问：

1. 将1500个数相加，误差总和的绝对值超过15的概率是多少？
2. 最多可有几个数相加使得误差总和的绝对值小于10 的概率不小于0.90？

三、一个系统由100个相互独立起作用的部件组成，在整个运行期间每个部件损坏的概率为0.10. 为了使整个系统起作用，至少必须有85个部件正常工作，求整个系统起作用的概率.

四、一所公寓有200户住户，一户住户拥有汽车数量 X（单位：辆）的分布律为

X	0	1	2
P	0.1	0.6	0.3

问需要多少车位，才可以使每辆汽车都具有一个车位的概率至少为0.95?

五、某食品店有3种蛋糕出售，售价分别是1元、1.2元、1.5元，售出哪种蛋糕是随机的，售出的概率分别是0.3，0.2，0.5. 假设售出300个蛋糕.

1. 求收款至少400元的概率；
2. 求售出价格为1.2元的蛋糕多于60个的概率.

六、一船舶在某海区航行，已知每遭受一次海浪的冲击，纵摇角大于3°的概率为1/3，若船舶遭受了90000次波浪的冲击，问其中有29500～30500次纵摇角大于3°的概率是多少?

第二部分　综合训练

综合训练（一）

一、填空题

1. 已知 $\xi \sim N(1, 2)$，$\eta \sim N(2, 4)$，且 η 与 ξ 相互独立，则 $E(3\xi-\eta+1)=$______，$D(\eta-2\xi)=$________.

2. 已知 ξ 在 $[0, \pi]$ 上服从均匀分布，则 $E(\xi^2)=$________.

二、选择题

1. 设 $\xi_1, \xi_2, \cdots, \xi_n$ 为 n 个随机变量，它们的均值为 μ，则 $\frac{1}{n}(\xi_1+\xi_2+\cdots+\xi_n)$ 的均值为　　（　　）

A. μ　　B. $n\mu$　　C. 0　　D. 1

2. 设随机变量 X 的方差为 σ^2，则 $mX+C$ 的方差是（　　），其中，m，C 为常数.

A. $m\sigma^2$　　B. $m\sigma+C$　　C. $m^2\sigma^2$　　D. $m^2\sigma^2+C$

三、设 ξ 的分布列为

ξ	1	2	3
p_k	$\frac{1}{6}$	$\frac{1}{2}$	a

求：1. a 的值；2. 数学期望 $E(\xi)$；3. 方差 $D(\xi)$.

四、设 ξ 的分布列为

ξ	-1	0	2	3
p_k	$\frac{1}{8}$	$\frac{1}{4}$	$\frac{3}{8}$	$\frac{1}{4}$

求：1. $E(\xi)$；2. $E(\xi^2)$；3. $E(-2\xi+1)$；4. $D(\xi)$.

五、设 ξ 的密度函数为 $f(x)=\begin{cases}kx^{\alpha}, & 0\leqslant x\leqslant 1,\\ 0, & 其他,\end{cases}$ 其中，$k>0$，$\alpha>0$，且已知 $E(\xi)=\frac{3}{4}$，求 k 与 α 的值，并计算方差 $D(\xi)$.

六、一批零件中有9个合格品与3个次品，安装机器时，从这批零件中任取一个，若取出次品不再放回，继续重取一个. 求在取得合格品以前已取出的次品数的期望与方差.

七、一批种子的发芽率为70%，播种时每穴播3粒，试求每穴发芽的种子粒数的期望与方差.

八、一台仪器有3个元件，各元件发生故障是相互独立的，概率分别为0.2，0.3，0.4，求发生故障的元件数的期望与方差.

九、在射击比赛中，每人可打4发子弹，规定4发子弹都不命中得0分，有一、二、三、四发子弹命中的，分别得15分、30分、55分、100分. 设某射手每次射击的命中率为$\frac{1}{2}$，问他期望可得多少分？得分的标准差是多少？

十、已知在某十字路口一周内发生事故数的数学期望为2.2，标准差为1.4.

1. 求一年内事故总数小于100的概率；

2. 以 $\overline{X}$ 表示一年（52周）内此十字路口事故发生数的算术平均值，求 $P\{\overline{X}<2\}$.

十一、随机取两组学生，每组80人，分别在两个实验室测量某种化合物的值. 每个人测量的结果是随机的，它们相互独立，服从同一分布，数学期望是5，方差是0.3，以 $\overline{X}$，$\overline{Y}$ 分别表示第一组和第二组所测结果的算术平均值. 求 $P\{-0.1<\overline{X}-\overline{Y}<0.1\}$.

十二、某药厂断言，该厂生产的某种新药对于医治一种血液病的治愈率为0.8. 现在任意抽查100个服用此药的病人.

1. 求其中多于75人治愈的概率；

2. 求其中至少有30人治愈的概率.

十三、设随机变量 (X, Y) 的联合概率密度为 $f(x, y)=\begin{cases}\frac{1}{8}(x+y), & 0<x<2,\ 0<y<2, \\ 0, & \text{其他},\end{cases}$

求：$E(X)$，$E(Y)$，$Cov(X, Y)$，ρ_{XY}，$D(X+Y)$.

综合训练（二）

一、填空题

1. 若随机变量 X 与 Y 独立，且 $X\sim N(0,\sigma^2)$，$Y\sim N(0,\sigma^2)$，$Z=X^2+Y^2$，则 $E(Z)=$________.

2. 设随机变量 X 与 Y 相互独立，且 $X\sim P(2)$，$Y\sim P\left(\frac{1}{2}\right)$，则 $E(2X+3Y)=$______，$D(2X+3Y)=$________.

二、选择题

1. 设 X 与 Y 的相关系数为0，则下列结论正确的是（　　）

A. X 与 Y 相互独立　　B. X 与 Y 不一定相关

C. X 与 Y 必不相关　　D. X 与 Y 必相关

2. 设 X 与 Y 的期望与方差都存在，且 $D(X-Y)=D(X)+D(Y)$，则下列结论不正确的是（　　）

A. $D(X+Y)=D(X)+D(Y)$　　B. $E(XY)=E(X)\cdot E(Y)$

C. X 与 Y 不相关　　D. X 与 Y 相互独立

3. 已知 X_1，X_2，X_3 都在［0，2］上服从均匀分布，则 $E(3X_1-X_2+2X_3)=$（　　）

A. 1　　B. 2　　C. 3　　D. 4

4. 若 X_1 与 X_2 都服从参数为1的泊松分布，则 $E(X_1+X_2)=$（　　）

A. 1　　B. 2　　C. 3　　D. 4

5. 若随机变量 X 的数学期望与方差均存在，则（　　）

A. $E(X)\geqslant 0$　　B. $D(X)\geqslant 0$

C. $E^2(X)\leqslant D(X)$　　D. $E^2(X)\geqslant D(X)$

6. 若随机变量 $X\sim N(2,2^2)$，则 $D(0.5X)=$（　　）

A. 1　　B. 2

C. 1/2　　D. 3

7. 若 X 与 Y 独立，且 $D(X)=6$，$D(Y)=3$，则 $D(2X-Y)=$（　　）

A. 9　　B. 15

C. 21　　D. 27

8. 设 $D(X)=4$，$D(Y)=1$，$\rho_{XY}=0.6$，则 $D(2X-2Y)=$（　　）

A. 40　　B. 34

C. 25.6　　D. 17.6

三、某机携有导弹3枚，导弹的命中率均为 p ，现该机向同一目标射击，直到击中为止，问平均需要射击几次？

四、设 X 的密度函数为 $f(x)=\begin{cases}2x, & 0\leqslant x\leqslant 1,\\ 0, & \text{其他},\end{cases}$ 求 $E(X)$，$D(X)$.

五、n 把看似完全相同的钥匙，只有一把能开保险柜的锁，用它们去试开保险柜. 假设取到每把钥匙的可能性是等同的，且每把钥匙只试开一次，求试开次数 X 的数学期望与方差.

六、一台设备由三大部件构成，运转中它们需要调整的概率分别为0.1，0.2，0.3，假设它们的状态相互独立，以 X 表示同时需要调整的部件数，求 $E(X)$，$D(X)$.

七、设随机变量 (X, Y) 的概率密度为 $f(x, y)=\begin{cases}12y^2, & 0\leqslant y\leqslant x\leqslant 1,\\ 0, & \text{其他},\end{cases}$ 求 $E(X)$，$E(Y)$，$Cov(X, Y)$，ρ_{XY}.

八、一加法器同时收到20个噪声电压 $X_i\ (i=1,2,\cdots,20)$，X_i是相互独立的随机变量，且都在区间（0，10）内服从均匀分布. 求 $P\left\{\sum_{i=1}^{20}X_i>105\right\}$.

九、一工厂生产某种产品的次品率为0.005. 产品按每100只包装成一箱，一箱中如含有次品数超过3只就不能通过验收. 今有10000箱产品，求多于25箱不能通过验收的概率.（设各产品是否为次品相互独立，各箱是否通过验收相互独立）

十、对于一名学生而言，大学报到时，陪同的家长人数是个随机变量. 据统计，一名学生无家长、有1名家长、有2名家长陪同的概率分别为0.05，0.8，0.15. 若某学校共有400名学生，设各学生陪同的家长人数相互独立，且服从同一分布.

1. 求陪同的家长人数超过450的概率；

2. 求有1名家长陪同的学生人数不多于340的概率.

第四章　数理统计的基本概念

第一部分　基础模块

习题4-1

一、填空题

1. 设总体 $X \sim N(\mu, \sigma^2)$，$X_1, X_2, \cdots, X_n$ 为总体 X 的一个样本，则 $\overline{X} = \frac{1}{n}\sum_{i=1}^{n} X_i$ 服从__________________，$U = \frac{\overline{X} - \mu}{\sigma / \sqrt{n}}$ 服从__________________.

2. 设总体 $X \sim N(\mu, \sigma^2)$，其中，μ 是已知的，σ^2 是未知的，X_1, X_2, X_3, X_4 为总体 X 的一个样本. 下面样本函数中，__________________是统计量.

   A. $\sum_{i=1}^{4} X_i$；　　B. $X_1 - \mu$；

   C. $\max\{X_1, X_2, X_3, X_4\}$；　　D. $\sum_{i=1}^{4} \frac{X_i - \mu}{\sigma}$；

   E. $X_1 + 2\sigma - X_2$.

3. 从某工厂加工的零件中抽取 $n = 10$ 的样本，这10个样本零件的尺寸与标准尺寸的偏差（单位：cm）如下：

   2，1，−2，3，2，4，−2，5，3，4，

   则偏差的样本均值为________，方差为________，样本极差为________.

4. 设总体 $X \sim N(2, 0.01)$，则 $E(X) =$__________，$D(X) =$__________.

5. 设总体 $X \sim N(12, 9)$，$X_1, X_2, \cdots, X_{10}$ 为总体 X 的一个样本. 设 $\overline{X}$ 为样本均值，样本方差为 S^2，则 $E(\overline{X}) =$________，$D(\overline{X}) =$________，$E(S^2) =$________.

6. 在随机抽样时，抽取的样本应该满足__________性和__________性.

二、选择题

1. 若总体 $\xi \sim N(\mu, \sigma^2)$，其中，$\mu$ 未知，σ^2 已知，$x_1, x_2, \cdots, x_n$ 是抽取的样本，下面各式是统计量的有（　　）个.

①$\frac{1}{n}\sum_{i=1}^{n}x_i^2$；　②$\sum_{i=1}^{n}x_i^2-\bar{x}$；　③$\frac{1}{n}\sum_{i=1}^{n}x_i^2-\mu$；

④$\frac{1}{\sigma^2}\sum_{i=1}^{n}x_i^2$；　⑤$\min\{x_1, x_2, \cdots, x_n\}$；　⑥$\frac{1}{3}(x_1+x_2+x_3+x_4)-\mu$.

A. 1　　B. 2　　C. 3　　D. 4

2. 设 $x_1, x_2, \cdots, x_n$ 是正态总体 $\xi \sim N(\mu, \sigma^2)$（$\mu, \sigma^2$ 均未知）的一个样本，则（　　）是统计量.

A. $\frac{x_1-\mu}{\sigma}$　　B. $\frac{1}{n}\sum_{i=1}^{n}x_i$　　C. $\sigma x_2+\mu$　　D. μx_1

三、设总体 $X \sim N(52, 6.3^2)$，从中抽取容量为 $n=36$ 的样本，求 $P\{50.8<\overline{X}<53.8\}$.

四、从正态总体 $X \sim N(3.4, 6^2)$ 中抽取容量为 n 的样本，如果要求样本均值位于区间（1.4，5.4）内的概率不小于0.95，问样本容量 n 至少应为多少？

习题4–2

一、查表，求下列各式的值：

1. $\chi^2_{0.01}(10)=$______________，$\chi^2_{0.1}(12)=$______________；
2. $t_{0.01}(10)=$______________，$t_{0.01}(12)=$______________；
3. $F_{0.1}(10, 20)=$______________，$F_{0.05}(10, 20)=$______________.

二、查表，求下列各分布的临界值 λ：

1. $P\{\chi^2(15)>\lambda\}=0.01$，则 $\lambda=$______________；
2. $P\{\chi^2(15)<\lambda\}=0.01$，则 $\lambda=$______________；
3. $P\{t(8)>\lambda\}=0.1$，则 $\lambda=$______________；
4. $P\{t(8)<\lambda\}=0.1$，则 $\lambda=$______________；
5. $P\{|F(8, 6)|<\lambda\}=0.95$，则 $\lambda=$______________；
6. $P\{|F(4, 6)|>\lambda\}=0.01$，则 $\lambda=$______________.

三、选择题

1. 设总体 $X\sim N(0, 1)$，$x_1, x_2, \cdots, x_n$ 为总体 X 的一个样本，则 $\sum_{i=1}^{n}x_i^2$ 服从（　　）分布.

A. $\chi^2(n-1)$　　B. $\chi^2(n)$

C. $\chi^2(n+1)$　　D. $\chi^2(n^2)$

2. 设 X，Y 为两个相互独立的随机变量，且 $X\sim N(0, 1)$，$Y\sim\chi^2(n)$，则随机变量 $\frac{X}{\sqrt{Y/n}}$ 服从（　　）分布.

A. $t(n)$　　B. $t(n-1)$

C. $t(n+1)$　　D. $\chi^2(n)$

3. 如果总体 $X\sim N(\mu, \sigma^2)$，$x_1, x_2, \cdots, x_n$ 为总体 X 的一个样本，$\bar{x}=\frac{1}{n}\sum_{i=1}^{n}x_i$，$S^2=\frac{1}{n-1}\sum_{i=1}^{n}(x_i-\bar{x})^2$，那么，统计量 $\frac{\bar{x}-\mu}{S/\sqrt{n}}$ 服从（　　）分布.

A. $t(n)$　　B. $t(n-1)$

C. $t(n+1)$　　D. $\chi^2(n)$

四、设 $X_i \sim N(76.4, 383)\ (i=1, 2, \cdots, 4)$ 为总体 X 的一个样本.

1. $A=\sum_{i=1}^{4}\frac{(X_i-76.4)^2}{383}$，$B=\sum_{i=1}^{4}\frac{(X_i-\overline{X})^2}{383}$ 分别服从什么分布？

2. 求 $P\{0.711<A<7.779\}$，$P\{0.352<B<6.251\}$.

五、设总体 $X \sim N(5, 49)$，$x_1, x_2, \cdots, x_{16}$ 为总体 X 的一个样本，求 $P\left\{\sum_{i=1}^{16}(x_i-5)^2>583.69\right\}$.

第二部分　综合训练

综合训练（一）

一、查表，求下列各式的值：

1. $\chi^2_{0.01}(6)=$________，$t_{0.01}(9)=$________，$F_{0.1}(5,6)=$________；

2. $P\{\chi^2(15)>\lambda\}=0.05$，则 $\lambda=$________；$P\{t(8)>\lambda\}=0.05$，则 $\lambda=$________.

二、若总体 $\xi \sim N(\mu,\sigma^2)$，其中，μ 未知，σ^2 已知，$x_1, x_2, \cdots, x_n$ 是抽取的样本，则下面各式中，________是统计量，________不是统计量.

1. $\frac{1}{n}\sum_{i=1}^{n}x_i^2$；

2. $\sum_{i=1}^{n}x_i^2-\bar{x}$；

3. $\frac{1}{n}\sum_{i=1}^{n}x_i^2-\mu$；

4. $\frac{1}{\sigma^2}\sum_{i=1}^{n}x_i^2$；

5. $\min\{x_1, x_2, \cdots, x_n\}$；

6. $\dfrac{\frac{1}{n}\sum_{i=1}^{4}X_i-\mu}{\sigma}$；

7. $\frac{1}{3}(x_1+x_2+x_3+x_4)-\mu$.

三、若总体 $X\sim N(\mu,\sigma^2)$，$x_1, x_2, \cdots, x_n$ 是抽取的样本，$\bar{x}=\frac{1}{n}\sum_{i=1}^{n}x_i$，$S^2=\frac{1}{n-1}\sum_{i=1}^{n}(x_i-\bar{x})^2$，写出下面统计量的表达式：$U=$________；$T=$________；$\chi^2=$________.

四、如果总体 $X\sim N(\mu,\sigma^2)$，$x_1, x_2, \cdots, x_n$ 为总体 X 的一个样本，$\bar{x}=\frac{1}{n}\sum_{i=1}^{n}x_i$，那么统计量 $\bar{x}=\frac{1}{n}\sum_{i=1}^{n}x_i$ 服从________分布，统计量 $\frac{\bar{x}-\mu}{S/\sqrt{n}}$ 服从________分

布，统计量 $\sum_{i=1}^{n}\left(\frac{\bar{x}-\mu}{\sigma}\right)^2$ 服从____________分布.

五、对某种型号飞机的飞行速度（单位：m/s）进行了6次试验，测得最大飞行速度为

422，417，425，420，425，423.

求样本均值、样本极差和样本方差.

六、设总体 $X\sim N(40,\ 25)$.

1. 抽取容量为36的样本，设 $\overline{X}$ 为样本均值，求 $P\{38<\overline{X}<43\}$；

2. 设 $\overline{Y}$ 为样本均值，样本容量 n 为多大时，才能使 $P\{|\overline{Y}-40|<1\}=0.95$？

七、从总体 $X \sim N(5, 7^2)$ 中抽取容量为16的样本 $X_1, X_2, \cdots, X_{16}$，样本均值为 $\bar{X}$，样本方差为36.

1. 求 $P\left\{\sum_{i=1}^{16}\left(\frac{X_i-5}{7}\right)^2 > \frac{583.69}{49}\right\}$；

2. 求 $P\left\{\frac{\bar{X}-5}{6} > 0.25\right\}$.

综合训练（二）

一、查表，求下列各式的值：

1. $\chi^2_{0.01}(10)=$______________，$t_{0.05}(9)=$______________，$F_{0.1}(8, 6)=$______________；

2. $P\{|\chi^2(15)|<\lambda\}=0.95$，则 $\lambda=$____________；$P\{t(8)<\lambda\}=0.01$，则 $\lambda=$____________.

二、若总体 $\xi \sim N(\mu, \sigma^2)$，其中，$\mu$ 未知，σ^2 已知，$x_1, x_2, \cdots, x_n$ 是抽取的样本，则下面各式中，____________________是统计量，____________________不是统计量.

1. $\sum\limits_{i=1}^{n} x_i^2$；　2. $\sum\limits_{i=1}^{n} x_i^2-\bar{x}$；　3. $\frac{1}{n}\sum\limits_{i=1}^{n} x_i^2+\sigma^2$；　4. $\frac{1}{\sigma^2}\sum\limits_{i=1}^{n} x_i^2$；

5. $\max\{x_1, x_2, \cdots, x_n\}$；　6. $\dfrac{\frac{1}{n}\sum\limits_{i=1}^{4} X_i-\mu}{S}$；　7. $\frac{\mu}{3}(x_1+x_2+x_3+x_4)$.

三、如果总体 $X \sim N(\mu, \sigma^2)$，$x_1, x_2, \cdots, x_n$ 为总体 X 的一个样本，$\bar{x}=\frac{1}{n}\sum\limits_{i=1}^{n} x_i$，$S^2=\frac{1}{n-1}\times \sum\limits_{i=1}^{n}(x_i-\bar{x})^2$，那么

1. 统计量 $\frac{(n-1)S^2}{\sigma^2}$ 服从______________分布；

2. 统计量 $\frac{\bar{x}-\mu}{\sigma/\sqrt{n}}$ 服从______________分布；

3. 统计量 $\frac{1}{10}\sum\limits_{i=1}^{10} x_i$ 服从______________分布.

四、对某种轴承任取10个，测得其质量（单位：g）为

236，242，238，234，240，242，239，243，239，237.

求样本均值、样本极差和样本方差.

五、某种灯泡的寿命X（单位：h）服从正态分布$X\sim N(\mu, 100)$，μ未知.

1. 抽取容量为100的样本，以$\overline{X}$表示这一样本的均值. 求样本均值$\overline{X}$与μ的偏差小于1的概率；

2. 样本容量n为多大时，才能使$P\{|\overline{X}-\mu|<2\}\geqslant 0.95$？

六、从总体$X\sim N(2, 3)$中抽取容量为6的样本$X_1, X_2, \cdots, X_6$，样本均值为$\overline{X}$，求b，使得$P\left\{\sum_{i=1}^{6}(X_i-2)^2\leqslant b\right\}=0.95$.

第五章　参数估计

第一部分　基础模块

习题5-1

一、填空题

1. 设总体 $\xi \sim N(\mu, \sigma^2)$，其中，$\mu$，$\sigma^2$ 未知，抽取4个样本，测得数据为13.30，13.38，13.40，13.32，用数字特征法估计 μ =__________，σ^2 =__________.
2. 设总体 $\xi \sim P(\lambda)$，测得样本均值为 $\bar{x}=1.22$，则 $\hat{\lambda}$ =__________.
3. 设统计量 $\hat{\theta}_1$ 和 $\hat{\theta}_2$ 都是 θ 的无偏估计量，对于给定的 n，如果 $D(\hat{\theta}_1)<D(\hat{\theta}_2)$，那么称 $\hat{\theta}_1$ 较 $\hat{\theta}_2$ __________.

二、选择题

1. 设 x_1，x_2，x_3，x_4，x_5 是正态总体 $\xi \sim N(\mu, \sigma^2)$ 的一个样本，则 μ 的无偏估计量是　　(　　)

   A. $\dfrac{x_1+x_2+x_3+x_4+x_5}{5}$

   B. $x_1+x_2+\cdots+x_5$

   C. $\dfrac{1}{2}x_1+\dfrac{1}{3}x_2+\dfrac{1}{6}x_3-2x_4+x_5$

   D. $x_1-x_2-x_3+2x_4-x_5$

2. 测得自动车床加工的10个零件的尺寸与规定尺寸的偏差如下：

   +2，+1，−2，+3，+2，+4，−2，+5，+3，+4，

   则零件尺寸偏差的均值和方差的无偏估计值分别是　　(　　)

   A. 2，5.78　　B. 2，2.8

   C. 5.78，2　　D. 2.8，2

三、某厂某天生产了一大批显像管，从中抽取 $n=10$ 的样本，测试寿命的数据（单位：万h）如下：

10.5，11，10.8，11.2，12，12.5，10.4，11.3，13，12.

问该天生产的显像管的平均寿命及样本方差大约是多少？

四、设总体 $X \sim U(0, b)$，$b>0$，抽取样本容量 $n=5$ 的样本，测得数据如下：5，6，3，8，9，求 b 的点估计值.

五、设离散型随机变量 X 服从参数 $\lambda>0$ 的泊松分布，从总体 X 中抽得容量为 n 的样本观察值 x_1，x_2，…，x_n，求参数 λ 的极大似然估计.

六、已知 x_1，x_2，x_3，x_4 来自均值为 θ 的指数分布总体的样本，其中，θ 未知. 设估计量

$$A_1=\frac{1}{6}x_1+\frac{1}{6}x_2+\frac{1}{3}x_3+\frac{1}{3}x_4,\quad A_2=\frac{1}{4}(x_1+x_2+x_3).$$

1. A_1，A_2 是 θ 的无偏估计量吗?
2. 指出 A_1，A_2 对 θ 的估计哪个更有效.

习题5–2

一、填空题

1. 已知σ^2，确定正态总体μ的置信区间，需选用统计量$U=$____________，它服从____________分布.
2. 未知σ^2，确定正态总体μ的置信区间，需选用统计量$T=$____________，它服从____________分布.
3. 确定正态总体的方差σ^2的置信区间，需选用统计量$\chi^2=$____________，它服从____________分布.
4. 确定两个正态总体方差比的置信区间，需选用统计量$F=$____________，它服从____________分布.

二、新生儿的体重服从正态分布，随机测定12名新生儿，体重数据（单位：g）如下：3100，2520，3000，3000，3600，3160，3560，3320，2880，2600，3400，2540. 求新生儿的平均体重及方差的置信水平为95%的置信区间.

三、已知某炼铁厂的铁水含碳量（单位：%）$\xi \sim N(\mu, 0.108^2)$，现测得9炉铁水，其平均含碳量为4.484，求此厂铁水平均含碳量的置信区间，并要求有95%的可靠性.

四、设甲、乙两批导线的电阻（单位：Ω）分别服从$N(\mu_1, \sigma_1^2)$和$N(\mu_2, \sigma_2^2)$，且彼此相互独立. 随机地从甲批导线中抽取4根，从乙批导线中抽取5根，测得电阻如下：

甲批：0.143，0.142，0.143，0.137；

乙批：0.140，0.142，0.136，0.138，0.140.

求$\dfrac{\sigma_1^2}{\sigma_2^2}$的置信区间.（$\alpha = 0.05$）

五、已知灯泡的寿命 $\xi \sim N(\mu,\ \sigma^2)$，测得10个灯泡的样本均值 $\overline{X}=1500\ \text{min}$，样本方差 $S^2=400\ \text{min}^2$，求 μ 及 σ 的可靠性为95%的置信区间.

六、设 $\xi \sim N(\mu,\ \sigma^2)$，如果 σ^2 已知，当样本容量 n 取多大时，方能保证 μ 的置信区间的长度不大于给定的 D？（$\alpha=0.05$）

*习题5-3

一、在冬天里，捕到的鱼的长度 $\xi \sim N(\mu, \sigma^2)$（单位：cm），从中抽取样本，测得数据如下：

13.1，5.1，18，8.7，16.5，23，12，9.8，12，6.8，17.8，25.4，19.2.

求捕到的鱼的长度的均值 μ 的单侧置信下限.（$\alpha = 0.05$）

二、某厂制造的零件的寿命 $\xi \sim N(\mu, 1296)$（单位：h），从中取得 $n = 27$ 的样本，测得样本均值 $\overline{X} = 1478$. 求：

1. 总体均值 μ 的置信水平为0.95的单侧置信下限；
2. 总体均值 μ 的置信水平为0.99的单侧置信下限.

三、健康人的血液中铬的含量 $X \sim N(\mu_1, \sigma_1^2)$，有病人的血液中铬的含量 $Y \sim N(\mu_2, \sigma_2^2)$，从中抽取相互独立的样本如下（单位：mg）：

X：23，15，11，18，9，10，28，12；

Y：32，25，35，40，20，10，22，32，18，16.

设 $\alpha = 0.05$，求：

1. σ_1^2 的单侧置信上限；

2. $\dfrac{\sigma_1^2}{\sigma_2^2}$ 的单侧置信上限.

第二部分 综合训练

综合训练（一）

一、填空题

我国1983—1992年十年中的人口出生率（单位：‰）分别是

19.90，21.04，22.43，23.33，22.37，21.58，21.06，19.68，18.24，18.09.

试分别计算出1983—1992年前五年我国人口出生率的均值、方差和标准差是____________，后五年我国人口出生率的均值、方差和标准差是____________；从计算结果可以得到的结论是：________________________.

二、选择题

1. 设 x_1，x_2，…，x_n 是正态总体 $\xi \sim N(\mu, \sigma^2)$ 的一个样本，用 $\sum_{i=1}^{n} a_i x_i$ ［$a_i \geqslant 0$（$i=1, 2, \cdots, n$）］作为总体均值的估计量，当（　　）时，估计量是无偏估计量.

A. $a_i = 1$

B. $\sum_{i=1}^{n} a_i = n$

C. $\sum_{i=1}^{n} a_i = 1$

D. $a_1 = a_2 = 0.5$，$a_3 = a_4 = \cdots = a_n = 0$

2. 设 x_1，x_2，…，x_n 是正态总体 $\xi \sim N(\mu, \sigma^2)$ 的一个样本，且 μ 已知，则（　　）是 σ^2 的无偏估计量.

A. $(x_i - \mu)^2$

B. $\frac{1}{n}\sum_{i=1}^{n}(x_i - \bar{x})^2$

C. $\frac{1}{n}\sum_{i=1}^{n}(x_i - \mu)^2$

D. $\frac{1}{n-1}\sum_{i=1}^{n}(x_i - \bar{x})^2$

3. 设总体 $\xi \sim N(\mu, \sigma^2)$，其中，均值 μ 未知，样本观察值为 x_1，x_2，…，x_n，则使用（　　）统计量估计最好.

A. $\hat{\mu}_1 = \frac{1}{4}x_1 + \frac{1}{2}x_2 + \frac{1}{4}x_3$

B. $\hat{\mu}_2 = \frac{1}{3}x_1 + \frac{1}{3}x_2 + \frac{1}{3}x_3$

C. $\hat{\mu}_3 = \frac{1}{5}x_1 + \frac{3}{5}x_2 + \frac{1}{5}x_3$

D. $\hat{\mu}_4 = \frac{1}{6}x_1 + \frac{5}{6}x_3$

三、设统计量 $\hat{\theta}_1$ 和 $\hat{\theta}_2$ 都是 θ 的相互独立的无偏估计量，且 $D(\hat{\theta}_1)=2D(\hat{\theta}_2)$，试求常数 k_1，k_2，使得 $k_1\hat{\theta}_1+k_2\hat{\theta}_2$ 也是 θ 的无偏估计量，且使它在所有这种类型的估计量中最好.

四、已知总体的密度函数为 $f(x,\theta)=\theta x^{\theta-1}$，其中，$x\in(0,1)$，$x_1$，$x_2$，…，$x_n$ 是总体的一个样本，求未知参数 θ 的极大似然估计量.

若随机抽取一组样本，测得样本观测值为0.5，0.6，0.5，0.4. 求 θ 的一个极大似然估计值.

五、电话总机在某一段时间内接到的呼叫次数服从泊松分布，观察1min内接到的呼叫次数，假设共观察40次，获得的数据如下表所示：

接到呼叫的次数	0	1	2	3	4	5	6	7
观察的次数	5	10	12	8	3	2	0	0

求泊松分布中未知参数 λ 的估计值.

六、某生产车间生产的滚珠直径 $\xi \sim N(\mu，0.06^2)$．现从中随机抽取6个，测其直径（单位：mm）如下：

14.6，15.1，14.9，14.8，15.2，15.1.

分别求在 $\alpha=0.01$ 和 $\alpha=0.05$ 时，平均直径的置信水平为 $1-\alpha$ 的置信区间.

七、对飞机的飞行速度（单位：m/s）进行15次独立试验，测得飞机的最大飞行速度如下：

422.2，417.2，425.6，420.3，425.8，423.1，418.7，428.2，

438.3，434.0，412.3，431.5，413.5，441.3，423.0.

设飞机的最大飞行速度服从正态分布，试对最大飞行速度的均值和方差进行区间估计.（$\alpha = 0.05$）

八、有过滤嘴香烟的焦油含量 $X \sim N(\mu_1, \sigma_1^2)$，无过滤嘴香烟的焦油含量 $Y \sim N(\mu_2, \sigma_2^2)$，从中抽取相互独立的样本（单位：mg）：

X：0.9，1.1，0.1，0.7，0.3，0.9，0.8，1.0，0.4；

Y：1.5，0.9，1.6，0.5，1.4，1.9，1.0，1.2，1.3.

求 $\dfrac{\sigma_1^2}{\sigma_2^2}$ 的置信区间.（$\alpha = 0.05$）

九、在第七题中，求最大飞行速度的均值的置信水平为0.95的单侧置信下限.

十、在第八题中，求 $\dfrac{\sigma_1^2}{\sigma_2^2}$ 的单侧置信上限以及 σ_1^2 的单侧置信上限.（$\alpha=0.05$）

综合训练（二）

一、选择题

1. 设 x_1，x_2，x_3 是正态总体 $\xi \sim N(\mu, \sigma^2)$ 的一个样本，则 μ 的无偏估计量是（　　）.

A. $\dfrac{x_1+x_2-x_3}{3}$　　B. $x_1+x_2+x_3$

C. $\dfrac{1}{2}x_1+\dfrac{1}{3}x_2+\dfrac{1}{6}x_3$　　D. $x_1-x_2-x_3$

2. 设 x_1，x_2 是正态总体 $\xi \sim N(\mu, \sigma^2)$ 的一个样本，下列四个无偏估计量中，（　　）最有效.

A. $\hat{\mu}_1=\dfrac{1}{4}x_1+\dfrac{3}{4}x_2$　　B. $\hat{\mu}_2=\dfrac{2}{5}x_1+\dfrac{3}{5}x_2$

C. $\hat{\mu}_3=\dfrac{1}{2}x_1+\dfrac{1}{2}x_2$　　D. $\hat{\mu}_4=\dfrac{4}{7}x_1+\dfrac{3}{7}x_2$

3. 设 $\xi \sim N(\mu, \sigma^2)$，$\sigma^2$ 未知，对均值 μ 作区间估计，置信概率为0.95的置信区间是（　　）.

A. $\left[\bar{x}-\dfrac{S_0 t_{0.025}(n-1)}{\sqrt{n}},\ \bar{x}+\dfrac{S_0 t_{0.025}(n-1)}{\sqrt{n}}\right]$　　B. $\left[\bar{\mu}-\dfrac{S_0 t_{0.025}(n-1)}{\sqrt{n}},\ \bar{\mu}+\dfrac{S_0 t_{0.025}(n-1)}{\sqrt{n}}\right]$

C. $\left[\bar{x}-\dfrac{\sigma t_{0.975}(n-1)}{\sqrt{n}},\ \bar{x}+\dfrac{\sigma t_{0.975}(n-1)}{\sqrt{n}}\right]$　　D. $\left[\bar{\mu}-\dfrac{S_0 \chi^2_{0.025}(n-1)}{\sqrt{n}},\ \bar{\mu}+\dfrac{S_0 \chi^2_{0.025}(n-1)}{\sqrt{n}}\right]$

二、填空题

1. 设 x_1，x_2，x_3 是正态总体 $\xi \sim N(\mu, \sigma^2)$ 的一个样本，均值 μ 的无偏估计量为 $\hat{\mu}=\dfrac{1}{3}x_1+\dfrac{1}{2}x_2+kx_3$，则 $k=$____________.

2. 已知 $\hat{\theta}_1$，$\hat{\theta}_2$ 为未知参数 θ 的无偏估计量，且 $D(\hat{\theta}_1)=kD(\hat{\theta}_2)$，若 $\hat{\theta}_1$ 较 $\hat{\theta}_2$ 有效，则 k 的取值范围为__________；若 $\hat{\theta}_2$ 较 $\hat{\theta}_1$ 有效，则 k 的取值范围为__________.

三、已知总体 ξ 的密度函数为 $f(x, \theta)=\theta e^{-\frac{\theta}{2}x}$，其中，$x>0$，设 x_1，x_2，…，x_n 是总体 ξ 的一个样本，求 θ 的极大似然估计量.

四、某厂生产的一批钢筋的长度 $\xi \sim N(\mu, 0.16)$，今从这批钢筋中随机地抽取了16根，测得长度（单位：m）的平均值为4.9，求钢筋长度 μ 的置信度为0.95的置信区间.

五、对一种产品的某项技术指标进行测量，该指标服从正态分布，今从这种产品中随机地抽取了17件，测得该项技术指标的平均值为31.06，样本标准差为0.35，求该项技术指标的置信度为0.95的置信区间.

六、设 x_1，x_2 是正态总体 $\xi \sim N(\mu, 1)$ 的一个样本，$k_1x_1+k_2x_2$（$k_1 \geqslant 0$，$k_2 \geqslant 0$）是 μ 的无偏估计量. 求当 k_1，k_2 取何值时，$k_1x_1+k_2x_2$ 是 μ 的最有效估计量?

七、某企业从一天生产的灯泡中抽取10个进行寿命试验，得到灯泡寿命（单位：h）的数据如下：

1050，1100，1080，1120，1200，1250，1040，1130，1300，1200.

求该日生产的灯泡的平均寿命及寿命方差的无偏估计值.

八、设总体ξ服从0–1分布：

$$P\{\xi = x\} = p^x(1-p)^{1-x} \quad (x=0，1).$$

如果样本观察值为x_1，x_2，…，x_n（$x_i=0$，1），求参数p的极大似然估计量.

九、证明：若已知总体ξ的均值为μ，则总体方差的无偏估计量为$\hat{\sigma}^2=\frac{1}{n}\sum_{i=1}^{n}(x_i-\mu)^2$，其中，$x_1$，$x_2$，…，$x_n$为样本观测值.

第六章　假设检验

第一部分　基础模块

习题6–1

一、参数假设检验的基本思想方法是____；

主要步骤是：

1. ____；
2. ____；
3. ____；
4. ____.

二、某地早稻收割根据长势估计平均亩产为310kg，收割时，随机抽取了10块稻田，计算出实际亩产量的平均值 $\bar{x}=320$. 如果已知早稻亩产量 ξ 服从正态分布 $N(\mu,\ 12^2)$，试问所估产量是否正确？（检验水平 $\alpha=0.05$）

三、某工厂生产一种电子元件，在正常情况下电子元件的使用寿命 ξ（单位：h）服从正态分布 $N(2500，120^2)$．某日从该厂生产的一批电子元件中随机抽取16个，测得样本平均值 $\bar{x}=2435$，假定电子元件寿命的方差不变，能否认为该日生产的这批电子元件寿命的均值 $\mu=2500$？（检验水平分别取 $\alpha=0.05$ 和 $\alpha=0.01$）

四、从某种含铜溶液的4次测定值算得溶液含铜量的平均值 $\bar{x}=8.3\%$，修正样本方差 $S_0^2=0.03^2$，若测定值总体服从正态分布，试在检验水平 $\alpha=0.05$ 下检验总体均值 μ 的假设 H_0： $\mu=8.32\%$.

五、一台自动车床加工零件的长度服从正态分布，车床正常时，加工零件长度（单位：cm）的均值为10.5，经过一段时间的生产后，要检验这台车床工作是否正常，为此抽取该车床加工的31个零件，测得数据如下：

零件长度/cm	10.1	10.3	10.6	11.2	11.5	11.8	12.0
频　数	1	3	7	10	6	3	1

若加工零件的方差不变，问此车床工作是否正常？（检验水平 $\alpha=0.05$）

六、已知某厂生产的维尼纶纤度（表示纤维粗细程度的量）在正常条件下服从正态分布 $N(1.405, 0.048^2)$，某天抽取5根纤维，测得其纤度为

$$1.33,\ 1.55,\ 1.36,\ 1.40,\ 1.44.$$

问这一天纤度的总体标准差是否正常？（检验水平 $\alpha=0.10$）

七、某厂生产的电池，其寿命服从方差为 $\sigma^2=5000$（h^2）的正态分布．现有一批这种电池，从生产情况来看，其寿命的波动性有所改变．为了检验这个问题，随机抽取了26只电池，计算得样本方差 $S^2=9200$（h^2），试推断这批电池的寿命的波动性是否比以往明显增大？（检验水平 $\alpha=0.01$）

八、假设新生男婴的体重服从正态分布，随机抽取12名新生男婴，测得其体重（单位：g）分别为

3100，2520，3000，3000，3600，3320，3160，3560，2880，2600，3400，2540.

假设检验：$\sigma^2>375^2$.（$\alpha=0.10$）

九、冷拉钢丝的折断力服从正态分布，从一批钢丝中任意抽取10根试验折断力，测得数据（单位：kg）为

578，572，570，568，572，570，570，596，584，572.

假设检验：$\mu<560$（单位：kg）.（$\alpha=0.10$）

十、为比较不同季节出生的女婴的体重，从1985年1月和7月出生的女婴中分别抽取6名和12名，测得体重（单位：g）如下：

1月：3520，2960，2560，2960，3260，3960；

7月：3220，3220，3760，3000，2920，3000，

2920，3740，3060，3080，2940，3060.

假定女婴的体重服从正态分布，检验水平$\alpha=0.05$，问新生女婴体重的方差1月和7月是否有显著差异?

十一、某食盐精加工厂用一台包装机包装食盐，额定标准为每袋净重0.5kg. 设包装机称得食盐净重服从正态分布 $N(0.5, 0.015^2)$. 现为了检验包装机是否正常，随机抽取了9袋食盐，称得质量（单位：kg）如下：

0.497，0.506，0.518，0.524，0.488，0.511，0.510，0.515，0.512.

试问包装机的工作是否正常？

*习题6–2

一、某种鸭子一般一巢下4只蛋，以 X 表示一巢蛋中孵出小鸭子的数量（单位：只），已知 X 的分布律是：

X	0	1	2	3	4
p_i	0.03	0.1	0.41	0.36	0.1

对鸭蛋作某种处理，再随机抽取200巢经处理的蛋，统计其中每巢孵出小鸭子的数量如下：

一巢孵出小鸭子的数量 / 只	0	1	2	3	4
巢　数	12	30	89	57	12
A_i	A_1	A_2	A_3	A_4	A_5

问这种处理是否影响蛋的孵化率.（$\alpha=0.05$）

二、统计某地区100个月中发生的特大地震的次数如下：

一个月中特大地震的次数	0	1	2	3	4
月　数	57	31	8	3	1

试取 $\alpha=0.05$，检验假设：一个月中特大地震的次数服从泊松分布.

三、为了统计某地地震在一天中发生的时间段，共观察了527次地震，这些地震在一天的4个时间段的分布如下：

时间段	0—6时	6—12时	12—18时	18—24时
次　数	123	135	141	128

取检验水平 $\alpha=0.05$，假设检验：地震在各时间段内发生是等可能的.

四、抽查了63名患某种疾病的21—44岁的男子的收缩压 X（单位：mmHg），测得数据如下：

100	130	120	138	110	110	115	134	120	122	110
120	115	162	130	130	110	147	122	120	131	110
138	124	122	126	120	130	142	110	128	120	124
110	119	132	125	131	117	112	148	108	107	117
121	130	119	121	132	118	126	117	98	115	123
141	129	140	120	96	141	106	114			

试取 $\alpha=0.05$，检验假设：男子的收缩压 X 服从正态分布.

第二部分　综合训练

综合训练（一）

一、选择题

1. 设 x_1，x_2，…，x_n 是正态总体 $\xi \sim N(\mu_0, \sigma^2)$ 的一个样本，σ^2 已知，检验 H_0：$\mu=\mu_0$ 时，需要用统计量　（　　）

A. $U=\dfrac{\bar{x}-\mu_0}{\sigma/\sqrt{n}}$　　B. $T=\dfrac{\bar{x}-\mu_0}{S/\sqrt{n-1}}$

C. $T=\dfrac{\bar{x}-\mu_0}{S_0/\sqrt{n}}$　　D. $\chi^2=\dfrac{nS}{\sigma^2}$

2. 在对正态总体方差的假设检验中，若已知均值 μ，则使用的统计量服从　（　　）

A. 自由度为 $n-1$ 的 t 分布　　B. 自由度为 n 的 t 分布

C. 自由度为 $n-1$ 的 χ^2 分布　　D. 自由度为 n 的 χ^2 分布

3. 设 x_1，x_2，…，x_n 是正态总体 $N(\mu, \sigma^2)$（σ^2 已知）的一个样本，按给定的检验水平 α 检验 H_0：$\mu=\mu_0$（μ_0 为已知常数）时，判断是否接受 H_0 与（　　）有关.

A. 样本观测值、显著水平 α　　B. 样本观测值、样本容量 n

C. 样本容量 n、显著水平 α　　D. 样本观测值、样本容量 n、显著水平 α

二、据资料分析，某厂生产的一批砖，其抗断强度 $\xi \sim N(32.5, 1.21)$，今从这批砖中随机地抽取了9块，测得抗断强度（单位：N/cm^2）的平均值为31.12，问这批砖的抗断强度是否合格?（检验水平 $\alpha=0.05$）

三、随机抽取某班26名学生的数学考试成绩，平均分数为82分，样本标准差为8，已知全年级的数学成绩服从正态分布，且平均分数为87分，试问在检验水平 $\alpha=0.05$ 下，能否认为该班的数学成绩为87分？

四、某工厂生产的铜丝的折断力（单位：N）服从正态分布 $N\left(\mu,\ 8^2\right)$. 某日随机抽取了10根进行折断力检验，测得平均折断力为57.5N，样本方差为68.16，在 $\alpha=0.05$ 下，检验 H_0: $\sigma^2=8^2$.

五、下面记录了某地1998年每天报火警的次数.

每天报火警的次数	0	1	2	3	≥4	
天 数	152	118	77	19	0	共计365天

取检验水平 $\alpha = 0.05$，检验：每天报火警的次数服从泊松分布.

六、下面给出了某医院在1978年统计的70名孕妇的怀孕期（单位：天）：

251	264	234	283	226	244	269	241	276	274
263	243	254	276	241	232	260	248	284	253
265	235	259	279	256	256	254	256	250	269
240	261	263	262	259	230	268	284	259	261
268	268	264	271	263	259	294	259	263	278
267	293	247	244	250	266	286	263	274	253
281	286	266	249	255	233	245	266	265	264

试取检验水平 $\alpha = 0.1$，检验数据是否来自正态分布总体.

综合训练（二）

一、正常人的脉搏平均为72次/分，某医生测得10例慢性中毒者的脉搏（单位：次/分）为

54，67，68，70，66，67，70，65，69，78.

设中毒者的脉搏服从正态分布，问中毒者和正常人的脉搏有无显著性差异？（检验水平 $\alpha=0.05$）

二、某化肥厂用自动打包机包装化肥，每包质量标准为100kg，实际包重服从正态分布. 某天为了检验打包机是否正常，随机抽取了9包进行检验，测得质量（单位：kg）如下：

99.5，98.7，100.6，101.1，98.5，99.6，99.7，102.1，100.6.

试问该日打包机是否正常？（检验水平 $\alpha=0.05$）

三、设 x_1，x_2，…，x_n 是正态总体 $\xi \sim N(\mu, \sigma^2)$ 的一个样本，且 σ^2 已知，问当 n 取多大时，才能保证均值 μ 的置信水平为0.95的置信区间长不大于给定的常数 l？

四、自动车床加工的某种零件的直径（单位：mm）服从正态分布 $N(\mu, 0.3^2)$，经过一段时间后，需要检验是否保持原来的加工精度，从该车床加工的零件中抽取30个，测得数据如下：

零件的直径/mm	9.2	9.4	9.6	9.8	10.0	10.2	10.4	10.6	10.8
频 数	1	1	3	6	7	5	4	2	1

试问加工精度是否变差？（检验水平 $\alpha = 0.05$）

五、分别从两种牌号的灯泡中各取 $n_1=7$ ， $n_2=10$ 的样本，测得灯泡的寿命（单位：h）的样本方差分别为 $S_1^2=9201$ ， $S_2^2=4856$ ，设两样本相互独立，且两总体分布服从 $N(\mu_1, \sigma_1^2)$ 和 $N(\mu_2, \sigma_2^2)$ ，其中， μ_1， σ_1^2 ， μ_2， σ_2^2 都未知. 检验： $\sigma_1^2 \leqslant \sigma_2^2$. （检验水平 $\alpha=0.05$）

六、测定家庭空气污染时，用 X 和 Y 分别表示无吸烟者和有吸烟者在24h内的悬浮颗粒量（μg/m^3），设 $X \sim N(\mu_1, \sigma_1^2)$ ， $Y \sim N(\mu_2, \sigma_2^2)$ ，其中， μ_1， σ_1^2 ， μ_2， σ_2^2 都未知. 从中分别抽取 $n_1=9$ ， $n_2=11$ 的样本，算得样本标准差分别为 $S_1=132$ ， $S_2=7.1$ ，两样本独立. 试检验假设 $\sigma_1^2=\sigma_2^2$.（检验水平 $\alpha=0.05$）

七、从某城市随机选取 500 个年龄大于 18 岁且拥有学士及以上学位的人，作一项调查研究. 调查数据如下：

年　龄	18—24	25—34	35—44	45—54	55—64	≥65
人　数	30	150	155	75	35	55

取检验水平 $\alpha=0.1$，检验该城市人口的年龄分布是否来自具有下列分布律的总体：

X（年龄）	18—24	25—34	35—44	45—54	55—64	≥65
p（概率）	0.05	0.29	0.3	0.16	0.1	0.1

八、现随机抽取 1000 个元件，测得数据如下：

寿命/h	≤150	(150，300]	(300，450]	(450，600]	(600，750]	>750
数量/个	543	258	120	48	20	11

取检验水平 $\alpha=0.05$，检验假设 H_0：这些数据来自均值 $\theta=200$ 的指数分布的总体.

第七章　一元线性回归分析

第一部分　基础模块

习题7-1

一、一元线性回归直线的数学模型是____________；回归系数 $a=$____________，$b=$____________.

二、某种商品的产量 x 和单位成本 y 之间的数据统计如下：

产量 x/千件	2	4	5	6	8	10	12	14
单位成本 y/元	580	540	500	460	380	320	280	240

试确定 y 对 x 的回归直线方程.

三、在硝酸钠的溶解度试验中，测得在不同温度 x(℃) 下，溶解于100g水中的硝酸钠的质量 y(g) 的数据如下：

温度 x/℃	0	4	10	15	21	29	36	51	68
质量 y/g	66.7	71	76.3	80.6	85.7	92.9	99.4	113.6	125.1

求 y 对 x 的回归直线方程.

习题7–2

一、选择题

1. 设Y对x的相关系数为r，当（　　）时，Y对x的回归直线方程$\hat{y}=a+bx$与x轴平行.

A. $|r|\leqslant 1$　　B. $r=0$　　C. $r=\pm 1$　　D. $0<|r|\leqslant 1$

2. 根据r的取值范围来讨论Y与x之间的线性关系的密切程度，当$|r|=1$时，正确的是（　　）.

A. Y与x是线性关系　　B. Y与x存在一定的线性关系

C. Y与x无线性关系　　D. 无法判断Y与x之间的线性关系

二、从某高校大一男生中随机抽查10名同学，测得其身高x（单位：cm）和体重Y（单位：kg）的数据如下表所示：

身高 x /cm	164	163	171	184	190	158	160	175	178	180
体重 Y/kg	58	63	65	70	75	60	55	64	69	65

现已计算出下列数据：

$$\sum_{i=1}^{10}(x_i-\bar{x})(y_i-\bar{y})=526.8,\quad \sum_{i=1}^{10}(x_i-\bar{x})^2=1062.1,\quad \sum_{i=1}^{10}(y_i-\bar{y})^2=316.4,$$

试求体重Y对身高x的回归直线方程，并对体重Y和身高x之间的线性关系进行检验.（检验水平$\alpha=0.05$）

三、设 x 取固定值时，Y 为正态变量，x 与 Y 的观测数据如下：

x	−2.0	0.6	1.4	1.3	0.1	−1.6	−1.7	0.7	−1.8
Y	−6.1	−0.5	7.2	6.9	−0.2	−2.1	−3.9	3.8	−7.5

试求：

1. Y 对 x 的回归直线方程；

2. Y 对 x 的相关系数，并检验线性关系的显著性.（检验水平 $\alpha=0.05$）

四、在硝酸钠的溶解度试验中，测得在不同温度 x(℃) 下溶解于水的硝酸钠的份数 Y 的数据如下：

x	0	4	10	15	21	29	36	51	68
Y	66.7	71.0	76.3	80.6	85.7	92.9	99.4	113.6	125.1

试求 Y 对 x 的回归直线方程，并给出当 $x_0=25$℃时，100 份水中可溶解的硝酸钠的份数的95%的预测区间.

第二部分　综合训练

综合训练（一）

一、一元线性回归直线的相关性检验公式 $r=$____________. 当 $r=0$ 时，Y 与 x 是____________；当 $r=\pm1$ 时，Y 与 x 是____________.

二、某工厂一年中每月产品的总成本 C（万元）与每月的产量 x（万元）的统计数据如下：

x	1.08	1.12	1.19	1.28	1.36	1.48	1.59	1.68	1.80	1.87	1.98	2.07
C	2.25	2.37	2.40	2.55	2.64	2.75	2.92	3.03	3.34	3.26	3.36	3.50

试求总成本 C 对产量 x 的回归直线方程，并对其线性关系进行相关性检验.（检验水平 $\alpha=0.05$）

三、炼钢是一个铁水脱碳的过程. 下面以 x 表示全部炉料熔化完毕时铁水的含碳量，以 y（单位：min）表示炉料熔化成铁水直至出钢的冶炼时间. 现检测某炼钢厂的34炉铁水，数据如下：

编号	含碳量 x /%	冶炼时间 y /min	编号	含碳量 x /%	冶炼时间 y /min
1	1.80	200	18	1.16	100
2	1.04	100	19	1.23	110
3	1.34	135	20	1.51	180
4	1.41	125	21	1.10	130
5	2.04	235	22	1.08	110
6	1.50	170	23	1.58	130
7	1.20	125	24	1.07	115
8	1.50	135	25	1.80	240
9	1.47	155	26	1.27	135
10	1.45	165	27	1.15	120
11	1.41	135	28	1.91	205
12	1.44	160	29	1.90	220
13	1.90	190	30	1.53	145
14	1.90	210	31	1.55	160
15	1.61	145	32	1.77	185
16	1.65	195	33	1.77	205
17	1.54	150	34	1.43	160

1. 建立 y 对 x 的回归直线方程；

2. 检验 y 与 x 之间的线性相关关系的显著性（给定检验水平 $\alpha=0.05$）；

3. 当 $x=1.43$ 时，求 y 的预测值及预测区间（给定检验水平 $\alpha=0.05$）；

4. 冶炼时间为180min时，铁水的含碳量在什么范围内？

综合训练（二）

一、选择题

1. 设Y对x的相关系数为r，当（　　）时，Y对x的回归直线方程$\hat{y}=a+bx$与x轴平行.

A. $|r|\leqslant 1$　　B. $r=0$　　C. $r=\pm 1$　　D. $0<|r|\leqslant 1$

2. 根据r的取值范围来讨论Y与x之间的线性关系的密切程度，当$|r|=1$时，（　　）.

A. Y与x是线性关系　　B. Y与x存在一定的线性关系

C. Y与x无线性关系　　D. 无法判断Y与x的线性关系

二、填空题

1. 确定的值称为Y对x的__________，它反映的是Y和x之间__________的密切程度.

2. 回归直线方程$\hat{y}=a+bx$的求法是__________；设x，y的一组观测值为$(x_i,\ y_i)$ $(i=1,\ 2,\ \cdots,\ 11)$，计算知$\bar{x}=\frac{510}{11}=46.364$，$\bar{y}=\frac{214}{11}=19.455$，$\sum_{i=1}^{11}(x_i-\bar{x})^2=13104.54$，$\sum_{i=1}^{11}(y_i-\bar{y})^2=1257.727$，$\sum_{i=1}^{11}(x_i-\bar{x})(y_i-\bar{y})=3988.18208$，则$a=$__________，$b=$__________，回归直线方程是__________.

三、随机地抽取生产同类产品的11家企业，调查了它们的产量x(单位：t）和生产费用Y(单位：万元）的情况，得到如下数据：

x	5	10	15	20	30	40	50	60	70	90	120
Y	6	10	10	13	16	17	19	23	25	29	46

1. 试分析生产费用Y与产量x之间的关系是否能用线性方程近似表示；
2. 对生产费用Y与产量x的线性关系的显著性进行检验（$\alpha=0.01$）；
3. 若概率取0.95，预测产量为60t时生产费用的范围；
4. 若要使生产费用在10万~20万元之间，试问产量应如何控制？

四、在钢中碳含量对于电阻的效应的研究中，得到以下数据：

碳含量 x/%	0.1	0.3	0.4	0.55	0.7	0.8	0.95
20℃时的电阻 y/μΩ	15	18	19	21	22.6	23.8	26

1. 画出散点图；
2. 求回归直线方程；
3. 求 x=0.5时电阻 y 的预测区间.

期末全程测试

期末全程测试（一）

一、填空题

1. 已知事件A与B相互独立，并且$P(A)=0.4$，$P(B)=0.3$，则$P(A\cup B)=$________.
2. 在书架上任意放上20本不同的书，其中指定的两本书放在首末的概率是______.
3. 已知$P(A)=\frac{1}{4}$，$P(B|A)=\frac{1}{3}$，$P(A|B)=\frac{1}{2}$，则$P(A\cup B)=$________.
4. 已知A，B两个事件满足条件$P(AB)=P(\overline{A\cup B})$，且$P(A)=p$，则$P(B)=$________.
5. 设三次独立试验中，事件A出现的概率相等，若已知A至少出现一次的概率等于$\frac{19}{27}$，则事件A在一次试验中出现的概率为________.
6. 同时抛掷3枚硬币，以X表示出现正面的个数，则X的概率分布为________.
7. 设随机变量X的概率密度为$f(x)=\begin{cases}2x, & 0<x<1,\\ 0, & 其他,\end{cases}$用$Y$表示对$X$的3次独立重复观察中事件$\left\{X\leqslant\frac{1}{2}\right\}$出现的次数，则$P\{Y=2\}=$________.
8. 设随机变量X，Y服从同一分布，X的概率密度函数为

$$f(x)=\begin{cases}\frac{3}{8}x^2, & 0<x<2,\\ 0, & 其他,\end{cases}$$

设$A=\{X>a\}$与$B=\{Y>a\}$相互独立，且$P\{A\cup B\}=\frac{3}{4}$，则$2E(X)=$________.

9. 设随机变量$X\sim N(2,\sigma^2)$，且$P\{2<X<4\}=0.3$，则$P\{X<0\}=$________.
10. 设随机变量X的概率分布为

X	-2	-1	0	1	2	3
P	0.10	a	0.25	0.20	0.15	0.10

则$a=$________，$Y=-2X$的分布律为________________________________，$Y=X^2$的分布律为________________________________.

11. 设随机变量 X 的分布律为

X	-2	0	2
P	0.4	0.3	0.3

则 $E(X)=$________，$E(X^2)=$________，$D(3X^2+5)=$________.

12. 设随机变量 X 的概率密度为

$$f(x)=\begin{cases}\dfrac{A}{x^3}, & 1<x<+\infty,\\ 0, & \text{其他},\end{cases}$$

则 $A=$________，$E(X)=$________.

13. 设 $X\sim N(1,4)$，则 $E(X)=$________，$D(X)=$________.

14. 已知离散型随机变量 X 服从参数为2的泊松分布，$Y=12-3X$，则 $E(Y)=$________，$D(Y)=$________.

15. 设 $E(X)=\mu$，$D(X)=\sigma^2$，则 $P\{\mu-3\sigma<X<\mu+3\sigma\}\geqslant$________.

16. 设总体 $X\sim\chi^2(n)$，X_1，X_2，…，X_n 是来自总体 $\overline{X}$ 的样本，则 $E(X)=$________，$D(X)=$________，$E(\overline{X})=$________，$D(\overline{X})=$________.

17. 设总体 $X\sim N(\mu,\sigma^2)$，σ^2 未知，检验假设 H_0: $\mu=\mu_0$ 的检验统计量为________.

二、选择题

1. 已知 $P(A)=0.5$，$P(B)=0.6$，$P(B|A)=0.8$，则$P(A\cup B)=$ （ ）

A. 0.5　　B. 0.6　　C. 0.7　　D. 0.8

2. 从0，1，2，…，9这十个数字中任取四个，则能排成一个四位偶数的概率是 （ ）

A. $\frac{1}{2}$　　B. $\frac{41}{90}$　　C. $\frac{43}{90}$　　D. $\frac{3}{4}$

3. 设有4张卡片，分别标以数字1，2，3，4，今任取一张，设事件A为取到1或2，事件B为取到1或3，则事件A与B是 （ ）

A. 互不相容的　　B. 互为对立的　　C. 相互独立的　　D. 互相包含的

4. 已知连续型随机变量 X 的分布函数为

$$F(x)=\begin{cases}0, & x<0,\\ kx+b, & 0\leqslant x<\pi,\\ 1, & x\geqslant\pi,\end{cases}$$

则常数 k 和 b 分别为 （ ）

A. $k=\frac{1}{\pi}$，$b=0$　　B. $k=0$，$b=\frac{1}{\pi}$　　C. $k=\frac{1}{2\pi}$，$b=0$　　D. $k=0$，$b=\frac{1}{2\pi}$

5. 设随机变量 $X\sim N(0,1)$，$Y=2X+1$，则 Y 服从 （ ）

A. $N(1,4)$　　B. $N(0,1)$　　C. $N(1,1)$　　D. $N(1,2)$

6. 若 $f(x, y)$ 是二维随机变量 (X, Y) 的密度函数，则 (X, Y) 关于 X 的边缘分布密度函数为 ( )

A. $\int_{-\infty}^{+\infty} f(x, y)\mathrm{d}x$　B. $\int_{-\infty}^{+\infty} f(x, y)\mathrm{d}y$　C. $\int_{-\infty}^{y} f(x, y)\mathrm{d}x$　D. $\int_{-\infty}^{y} f(x, y)\mathrm{d}x$

7. 设随机变量 $X \sim N(1, \sigma^2)$，则 $D(X)$ 满足 ( )

A. $D(X)=E(X^2)$　B. $D(X)\geqslant E(X^2)$　C. $D(X)<E(X^2)$　D. $D(X)>E(X^2)$

8. 设 X 为随机变量，则 $E(2X-3)=$ ( )

A. $2E(X)$　B. $4E(X)-3$　C. $2E(X)+3$　D. $2E(X)-3$

9. 设总体 $X \sim N(\mu, \sigma^2)$，$X_1, X_2, \cdots, X_n$ 是来自总体 X 的样本，则 $P\left\{\dfrac{|\overline{X}-\mu|}{\sigma/\sqrt{n}}<\mu_{0.025}\right\}=$ ( )

A. 0.975　B. 0.025　C. 0.95　D. 0.05

10. 设总体 $X \sim N(\mu, \sigma^2)$，σ^2 未知，检验假设 H_0: $\mu=\mu_0$ 所用的检验统计量为 ( )

A. $\dfrac{\overline{X}-\mu_0}{\sigma/\sqrt{n}}$　B. $\dfrac{\overline{X}-\mu_0}{S/\sqrt{n}}$　C. $\dfrac{(n-1)S^2}{\sigma^2}$　D. $\dfrac{1}{\sigma^2}\sum\limits_{i=1}^{n}(X_i-\mu)^2$

三、计算题

1. 两台机器生产同样的产品，第一台生产的产品的废品率是0.03，第二台生产的产品的废品率是0.02，并且第一台生产的产品数量是第二台生产的产品数量的2倍，两台机器生产的产品放在一起. 今从总产品中任意取出一件，若已知取出的是次品，求它是第二台机器生产的概率.

2. 某商店成箱出售玻璃杯，每箱20只，假设各箱中有0，1，2只残次品的概率依次为0.8，0.1，0.1. 一顾客欲购一箱玻璃杯，在购买时，售货员随机地取一箱，而顾客随机地查看该箱中的4只玻璃杯，若无残次品，则买下该箱玻璃杯，否则退回，求：

(1) 顾客买下该箱玻璃杯的概率；

(2) 在顾客买下的一箱玻璃杯中确实没有残次品的概率.

3. 三个人独立去破译一份密码，已知每个人能译出的概率分别为$\frac{1}{5}$，$\frac{1}{3}$，$\frac{1}{4}$，问三个人中至少有一个能将此密码译出的概率是多少？

4. 在4重伯努利试验中，已知事件A至少出现一次的概率为0.5，求在一次试验中事件A出现的概率.

5. 一批产品由9个正品和3个次品组成，从这批产品中每次任取一个，取后不放回，直到取到正品为止，用X表示取到的次品个数，写出X的概率分布及分布函数.

6. 设连续型随机变量 X 的概率密度为

$$f(x)=\begin{cases} x, & 0\leqslant x<1, \\ 2-x, & 1\leqslant x<2, \\ 0, & \text{其他}, \end{cases}$$

求 X 的分布函数 $F(x)$.

7. 设连续型随机变量 ξ 的概率密度为

$$f(x)=\begin{cases} k\,\mathrm{e}^{x}, & x<0, \\ \dfrac{1}{4}, & 0\leqslant x<2, \\ 0, & x\geqslant 2, \end{cases}$$

求：(1) 系数 k；

(2) ξ 的分布函数；

(3) $P\{\xi\leqslant 1\}$, $P\{\xi=1\}$, $P\{1<\xi<2\}$.

8. 设 $a>0$，连续型随机变量 X 的分布函数为

$$F(x)=\begin{cases}0, & x\leqslant -a,\\ A+B\arcsin\dfrac{x}{a}, & -a<x<a,\\ 1, & x\geqslant a,\end{cases}$$

求：（1）常数 A，B；

（2）随机变量 X 落在 $\left(-\dfrac{a}{2}, \dfrac{a}{2}\right)$ 内的概率；

（3）X 的概率密度函数.

9. 已知随机变量 X 的概率密度为 $f(x)=\begin{cases}e^{-x}, & x>0,\\ 0, & x\leqslant 0,\end{cases}$ 求随机变量 $Y=X^2$ 的概率分布.

10. 一口袋中装有4个球，依次标有数字1，2，2，3. 今从口袋中任取1球，取后不放回，再从口袋中任取1球. 以 X 和 Y 分布记第一次、第二次取得的球上标有的数字，求：

（1）(X, Y) 的概率分布；

（2）概率 $P\{X+Y\geqslant 4\}$.

11. 已知二维随机变量 (X, Y) 的概率密度为

$$f(x, y)=\begin{cases}\lambda e^{-(2x+y)}, & x>0,\ y>0,\\ 0, & 其他,\end{cases}$$

求：（1）常数 λ；

（2）(X, Y) 的分布函数.

12. 设 (X, Y) 的分布函数为

$$F(x, y)=A\left(B+\arctan\frac{x}{2}\right)\left(C+\arctan\frac{y}{3}\right),$$

(1) 求常数 A，B，C；

(2) 求 (X, Y) 的密度函数；

(3) 求 (X, Y) 关于 X 和 Y 的边缘分布函数；

(4) 问 X 与 Y 是否相互独立?

13. 设随机变量 X 的概率密度为

$$f(x)=\begin{cases}e^{-x}, & x>0,\\ 0, & x\leqslant 0,\end{cases}$$

求：(1) $Y=2X$ 的数学期望；

(2) $Y=e^{-2X}$ 的数学期望.

14. 一台设备由三大部件构成，该设备运转中，各部件需要调整的概率分别为 0.1，0.2，0.3. 假设各部件的状态相互独立，以 X 表示需要调整的部件数，求 X 的概率分布、数学期望和方差.

15. 设二维随机变量 (X, Y) 的概率分布为

X	-1	0	1
-1	$\frac{1}{8}$	$\frac{1}{8}$	$\frac{1}{8}$
0	$\frac{1}{8}$	0	$\frac{1}{8}$
1	$\frac{1}{8}$	$\frac{1}{8}$	$\frac{1}{8}$

验证 X 和 Y 是不相关的，但 X 和 Y 不是相互独立的.

16. 设总体 X 的概率密度函数为 $f(x)=(\alpha+1)x^{\alpha}$ （$0<x<1$），试用矩估计法和最大似然估计法求参数 α 的估计量.

17. 某工厂生产一批铆钉，现要检验铆钉头部的直径，从这批产品中随机抽取 12 只，测得铆钉头部的直径（单位：mm）如下：

13.30，13.38，13.40，13.43，13.32，13.48，

13.54，13.31，13.34，13.47，13.44，13.55.

设铆钉头部的直径 X 服从正态分布 $N(\mu,\ \sigma^2)$，试求 μ 与 σ^2 的矩估计值.

18. 从正态总体 $N(\mu, \sigma^2)$ 中抽取容量为5的样本值：

$$1.86，3.22，1.46，4.01，2.64.$$

（1）已知 $\mu=3$，求 σ^2 的置信水平为0.95的置信区间；

（2）若 μ 未知，求 σ^2 的置信水平为0.95的置信区间.

四、证明题

设 A，B 是两个随机事件，且 $0<P(A)<1$，$P(B)>0$，$P(B|A)=P(B|\bar{A})$. 证明事件 A 和 B 相互独立.

期末全程测试（二）

一、填空题

1. 若 $P(A)=0.72$，则 $P(\overline{A})=$________.

2. A，B是两事件，且 $P(A)=P(B)=\frac{1}{4}$，$P(AB)=\frac{1}{8}$，则A，B至少有一个发生的概率是________.

3. 甲乙两人各进行一次射击，若两人击中目标的概率分别为p_1，p_2，则两人都击中目标的概率为________.

4. 某一批蚕豆种子，若每一粒发芽的概率是95%，则播下的5粒种子中恰有4粒发芽的概率为________.

5. 设ξ的分布列为

ξ	1	2	3
p_k	1/6	1/2	a

则$a=$________，$E(\xi)=$________.

6. 已知$\xi\sim N(1,2)$，$\eta\sim N(2,4)$，则$E(3\xi-\eta+1)=$________，$D(3\xi-\eta+1)=$________.

7. 设x的方差是σ^2，则$mx+1$的方差是________.

8. 从1，2，3，4，5五个数字中任取2个排成一个两位数，则所得两位数是奇数的概率为________.

9. 设总体 $X\sim N(\mu,\sigma^2)$，X_1，X_2，…，X_n 是来自总体 X 的样本，则 $\overline{X}\sim$________，$E(\overline{X})=$________，$D(\overline{X})=$________.

二、选择题

1. 设 X_1，X_2，X_3 是来自总体 X 的样本，则 X 的无偏估计量为（　　）

A. $\hat{\mu}_1=\frac{1}{2}X_1+\frac{1}{3}X_2$　　B. $\hat{\mu}_2=\frac{1}{2}X_1+\frac{1}{6}X_2+\frac{1}{3}X_3$

C. $\hat{\mu}_3=\frac{1}{4}X_1+\frac{1}{2}X_2+\frac{1}{3}X_3$　　D. $\hat{\mu}_4=\frac{1}{3}X_1+\frac{2}{3}X_2+\frac{1}{3}X_3$

2. 设总体 X 在区间 $[0,a]$上服从均匀分布，其中，$a>0$未知，则 a 的极大似然估计量为（　　）

A. $\hat{a}=\max\{X_1,X_2,\cdots,X_n\}$　　B. $\hat{a}=\min\{X_1,X_2,\cdots,X_n\}$

C. $\hat{a}=X_1$　　D. $\hat{a}=\hat{X}_n$

3. 总体 $X\sim N(\mu,0.09)$ 的置信度为0.95的置信区间为（　　）

A.（12.75，13.33）　　B.（12.71，13.29）

C.（12.65，13.23） D.（12.61，13.17）

4. 设总体 $X \sim N(\mu, \sigma^2)$，σ^2 未知，假设 H_0：$\mu=\mu_0$ 的拒绝域为 $\mu \leqslant -\mu\alpha$，则备择假设 H_1 为 （ ）

A. $\mu \neq \mu_0$ B. $\mu > \mu_0$

C. $\mu < \mu_0$ D. $\mu \leqslant \mu_0$

5. 掷 n 枚硬币，出现正面的概率为 p，则至少出现一次正面的概率为 （ ）

A. $1-(1-p)^n$ B. $C_n^1 p(1-p)^{n-1}$

C. 1 D. $1-p$

6. 设A，B为两个互斥事件，且$P(A)>0$，$P(B)>0$，则下列结论正确的是 （ ）

A. $P(B|A)>0$ B. $P(A|B)=P(A)$

C. $P(A|B)=0$ D. $P(AB)=P(A)P(B)$

7. 事件A，B相互独立，$P(\bar{A}\bar{B})=\dfrac{1}{9}$，$P(A\bar{B})=P(\bar{A}B)$，则$P(A)=$ （ ）

A. $\dfrac{1}{3}$ B. $\dfrac{1}{2}$ C. 0 D. $\dfrac{2}{3}$

8. 随机变量 X 服从（ ）分布时，$D(X)=E(X)$.

A. 正态 B. 指数

C. 二项 D. 泊松（Poisson）

9. 设 $X \sim N(\mu, 4^2)$，$Y \sim N(\mu, 5^2)$，记 $p_1=P\{X \leqslant \mu-4\}$，$p_2=P\{Y \geqslant \mu+5\}$，则 （ ）

A. 对任何实数 μ，都有 $p_1=p_2$ B. 对任何实数 μ，都有 $p_1<p_2$

C. 只对 μ 的个别值，才有 $p_1=p_2$ D. 对任何实数 μ，都有 $p_1>p_2$

10. 某课程考试成绩 $X \sim N(72, \sigma^2)$，已知 96 分以上的占 2.3%，则 60~84 分所占的比例为（ ）[已知 $\Phi(2)=0.977$].

A. $2\Phi(1)-1$ B. $1-\Phi(2)$

C. $2\Phi(2)-1$ D. 0.5

11. 设独立随机变量X，Y分别服从标准正态分布，则$X-Y$服从 （ ）

A. 泊松分布 B. χ^2 分布

C. $N(0, 2)$ D. 不能确定

12. 对于任意事件 $A \supset B$，有 $P(A-B)=$ （ ）

A. $P(A)-P(B)$ B. 0

C. 1 D. $P(B)$

13. 设随机变量 ξ 的密度函数为

$$f(x)=\begin{cases} a\cos x, & -\dfrac{\pi}{2} \leqslant x < \dfrac{\pi}{2}, \\ 0, & \text{其他}, \end{cases}$$

则常数 a 为 ( )

A. $\frac{1}{3}$　B. $\frac{1}{2}$　C. 0　D. 1

14. 下列陈述不正确的是 ( )

A. 两两独立不一定相互独立

B. 若事件 A 与 B 独立，则 $\overline{A}$ 与 B 独立

C. 事件 A，B 独立，则 $P(A|B)=P(A)$

D. 随机变量 ξ 和 η 二者不相关，则 ξ 和 η 独立

15. 下列数列可以构成分布列的是 ( )

A. $\left(\frac{1}{3}\right)^n (n=1, 2, \cdots)$　B. $2^n (n=1, 2, \cdots)$

C. $\left(\frac{1}{2}\right)^n (n=1, 2, \cdots)$　D. $1^n (n=1, 2, \cdots)$

16. 下列陈述不正确的是 ( )

A. ξ 和 η 不相关，则 $D(\xi+\eta)=D(\xi)+D(\eta)$

B. 随机变量 ξ 和 η 二者不相关，则 ξ 和 η 独立

C. ξ 和 η 不相关，则 $Cov(\xi, \eta)=0$

D. 随机变量 ξ 和 η 二者不相关，则 $E(\xi\eta)=(E\xi)(E\eta)$

17. 事件 A，B，C 中，A 发生且 B 与 C 不发生的事件为 ( )

A. $A\cup\overline{B}\cap\overline{C}$　B. $A\overline{B}C\cap\overline{A}BC\cup AB\overline{C}$

C. $A\cap\overline{B}\cap\overline{C}$　D. $A\cup\overline{B}\cup\overline{C}$

18. 设 A，B 为相互独立的两事件，则下列式子中不正确的是 ( )

A. $P(A\cup B)=P(A)P(B)$　B. $P(\overline{A}\overline{B})=P(\overline{A})P(\overline{B})$

C. $P(B|A)=P(B)$　D. $P(AB)=P(A)P(B)$

19. 每天从某工厂的产品中随机地抽查50件产品，已知这种产品的次品率为0.1%，则在这一年内平均每天抽查到的次品数为 ( )

A. 0.05　B. 5.01

C. 5　D. 0.5

20. 设 $X\sim U(0, 1)$，$Y=3X-2$，则 Y 服从的分布是 ( )

A. $U(2, 3)$　B. $U(-1, 1)$

C. $U(-2, 1)$　D. $U(-1, 0)$

21. 设随机变量 X，Y 的联合概率密度为 $f(x, y)=2\mathrm{e}^{-(2x+y)}$ $(0<x, y<+\infty)$，则下列结论正确的是 ( )

A. X，Y 不相关　B. X，Y 相互独立

C. X，Y 相关　D. X，Y 不相互独立

22. 事件 A，B 互不相容，是指 (　　)

A. $P(AB)=P(A)P(B)$　　B. $AB=\varnothing$

C. $A\bigcup B=\Omega$　　D. $A\overline{B}=\varnothing$

三、计算题

1. 一批零件共100件，次品率为10%，接连两次从这批零件中任取一个零件，第一次取出的零件不再放回，求：

(1) 第一次取得次品的概率；

(2) 在第一次取得次品的条件下，第二次取得正品的概率；

(3) 第二次才取得正品的概率.

2. 设ξ的密度函数为

$$f(x)=\begin{cases}Ax^2, & 0<x<2, \\ 0, & \text{其他}.\end{cases}$$

(1) 试确定常数A；

(2) 求 $P\{0<\xi<1\}$.

3. 已知5%的男人和25%的女人是色盲，假设男人和女人各占一半，现随机地挑选一人.

（1）求此人恰是色盲的概率有多大；

（2）若此人不是色盲，问其是男人的概率有多大.

4. 一个口袋装有6个球，在这6个球上分别标有数字−2，−1，−1，1，1，2，从这个口袋中任取一个球. 求：

（1）取得的球上标有的数字ξ的分布列；

（2）ξ的分布函数$F(x)$；

（3）$E(\xi)$，$E(\xi^2)$，$D(\xi)$.

5. 设球的直径R在区间（0，a）内服从均匀分布，试求球的体积$V=\pi R^3/6$的数学期望.

6. 在射击比赛中，每人可打4发子弹，规定4发子弹都不命中得0分，有1，2，3，4发子弹命中的，分别得15分、30分、55分、100分. 设某射手每次射击的命中率是0.5，问他期望可得多少分？得分的标准差是多少？

7. 有甲、乙两种味道和颜色都极为相似的名酒各4杯，如果从中挑4杯，能将甲种酒全部挑出来，算是试验成功一次.

(1) 某人随机地猜，问他试验成功一次的概率是多少；

(2) 某人声称他通过品尝能区分两种酒，他连续试验10次，成功3次，试推断他是猜对的，还是他确有区分能力（设各次试验是相互独立的）.

8. 设总体 X 的概率密度为

$$f(x)=\begin{cases}\lambda e^{-\lambda x}, & x\geqslant 0,\\ 0, & x<0,\end{cases}$$

X_1，X_2，…，X_n 是来自总体 X 的样本，求 X_1，X_2，…，X_n 的联合概率密度函数 $f(x_1, x_2, \cdots, x_n)$.

9. 设总体 X 服从参数为 λ 的泊松分布，其中，$\lambda>0$ 为未知，X_1，X_2，$\cdots$，X_n 为来自总体 X 的样本，求 λ 的矩估计量 $\hat{\lambda}$.

10. 设总体 $X\sim B(m, p)$，X_1，X_2，$\cdots$，X_n 是来自总体 X 的样本，求未知参数 p 的极大似然估计量 $\hat{p}$.

11. 设总体 $X\sim N(\mu, \sigma^2)$，σ^2 为已知，μ 为未知，X_1，X_2，$\cdots$，X_n 为来自总体 X 的样本，求参数 μ 的置信度为 $1-\alpha$ 的置信区间.

12. 设总体 X 的数学期望 $E(X)=\mu$，方差 $D(X)=\sigma^2$，X_1，X_2，…，X_n 是来自总体 X 的样本，记 $Y=\frac{1}{n}\sum_{i=1}^{n}(X_i-\mu)^2$，求 $E(Y)$.

13. 设二维离散型随机变量（ξ，η）的联合分布列如下：

ξ \ η	0	1	2
1	$\frac{C}{10}$	$\frac{C}{10}$	$\frac{C}{10}$
2	0	$\frac{2C}{10}$	$\frac{2C}{10}$
3	$\frac{2C}{10}$	0	$\frac{C}{10}$

（1）求常数 C；

（2）求 ξ，η 的边缘分布列；

（3）在 $\xi=2$ 的条件下，求 η 的条件分布列；

（4）判断 ξ 与 η 是否相互独立.

14. 设二维随机变量（X，Y）的概率密度为

$$f(x, y)=\begin{cases}\dfrac{e^{-y+1}}{x^2}, & x>1, y>1, \\ 0, & \text{其他},\end{cases}$$

求 $f_X(x)$， $f_Y(y)$.

四、证明题

设 $X\sim N(\mu, \sigma^2)$，$Y\sim\chi^2(1)$，且 X 与 Y 相互独立，$\overline{X}$ 是来自总体 X 的容量为 n 的样本均值，$\overline{Y}$ 是来自总体 Y 的容量为 n 的样本均值，证明 $\dfrac{\overline{X}-\mu}{\sigma\sqrt{\overline{Y}/n}}\sim t(n)$.

期末全程测试（三）

一、填空题

1. 重复投掷一枚硬币直至国徽面出现为止，需要投掷3次的概率P_3=________.
2. 袋中装有5个红球和2个白球，从中不放回地任取2个球，已知第一次取到的是红球，则第二次取到的也是红球的概率是________.
3. 设X的概率密度为
$$f(x)=\begin{cases}kx^2, & 0\leqslant x\leqslant 1,\\ 0, & \text{其他},\end{cases}$$
则常数k=________，$P\left\{\frac{1}{2}\leqslant X\leqslant 2\right\}$=________.
4. 若随机变量X的分布函数是
$$F(x)=\begin{cases}1-\mathrm{e}^{-\frac{x}{5}}, & x>0,\\ 0, & \text{其他},\end{cases}$$
则X的概率密度$f(x)$=________，服从________分布，$P\{5\leqslant X\leqslant 10\}$=________.
5. 若X，Y是两个相互独立的随机变量，X~$U(0,1)$，Y的概率密度是
$$f_Y(y)=\begin{cases}8y, & 0\leqslant y\leqslant \frac{1}{2},\\ 0, & \text{其他},\end{cases}$$
则X，Y的联合概率密度为________.
6. 设随机变量ξ具有分布$P\{\xi=k\}=\frac{1}{5}$（$k=1,2,3,4,5$），则$E(\xi)$=______，$D(\xi)$=________.
7. 设随机变量（X，Y）具有$D(X)=9$，$D(Y)=4$，$\rho_{XY}=-1/6$，则$Cov(X,Y)$=______.
8. 设A，B，C为三个事件，则A，B，C至少有一个发生可表示为________；A，C发生而B不发生可表示为________；A，B，C恰有一个发生可表示为________.
9. 已知随机变量X，Y的相关系数为r_{XY}，若$U=aX+b$，$V=cY+d$，其中，$ac>0$，则U，V的相关系数等于________.
10. 设随机变量ξ的概率函数为$P\{\xi=x_i\}=p_i$（$i=1,2,\cdots$），则$p_i\geqslant$________，$\sum_{i=1}^{+\infty}p_i$=__________，$E(\xi)$=________.
11. 设X~$N(5,4)$，$P\{X>c\}=P\{X<c\}$，则c=________.
12. 设$P(A)=0.4$，$P(A+B)=0.7$，若A与B互不相容，则$P(B)$=________；若A与B相互独立，则$P(B)$=________.

13. 将数字1，2，3，4，5写在5张卡片上，任意取出3张排列成三位数，则这个数是奇数的概率是________.

14. 若 $\xi \sim B(10,\ 0.8)$，则 $E(\xi)=$________，$D(\xi)=$________.

15. 设随机变量 X 的概率密度为 $f(x)=\begin{cases} x\mathrm{e}^{-x}, & x>0, \\ 0, & x\leqslant 0, \end{cases}$ 则 $E(3X)=$________，$E(\mathrm{e}^{3X})=$________.

16. 设 $f(x)$ 为一维连续型随机变量 X 的概率密度函数，则 $\int_{-\infty}^{+\infty} f(x)\mathrm{d}x=$________；若离散型随机变量 Y 具有分布列 $P\{Y=y_k\}=p_k$，则 $\sum_k p_k=$________.

二、选择题

1. 设总体 $X\sim N(\mu,\ \sigma^2)$，X_1，X_2，…，X_n 是总体 X 的样本，则下列结论不正确的是 (　　)

A. $\dfrac{\overline{X}-\mu}{\sigma/\sqrt{n}}\sim N(0,\ 1)$　　B. $\dfrac{1}{\sigma^2}\sum\limits_{i=1}^{n}(X_i-\mu)^2\sim\chi^2(n-1)$

C. $\dfrac{\overline{X}-\mu}{S/\sqrt{n}}\sim t(n-1)$　　D. $\dfrac{1}{\sigma^2}\sum\limits_{i=1}^{+\infty}(X_i-\overline{X})^2\sim\chi^2(n-1)$

2. 设 $\overline{X}$ 是来自总体 $N(\mu_1,\ \sigma_1^2)$ 的容量为 m 的样本的样本均值，$\overline{Y}$ 是来自总体 $N(\mu_2,\ \sigma_2^2)$ 的容量为 n 的样本的样本均值，两个总体相互独立，则下列结论正确的是 (　　)

A. $\overline{X}-\overline{Y}\sim N\left(\mu_1-\mu_2,\dfrac{\sigma_1^2}{m}-\dfrac{\sigma_2^2}{n}\right)$　　B. $\overline{X}+\overline{Y}\sim N\left(\mu_1-\mu_2,\dfrac{\sigma_1^2}{m}-\dfrac{\sigma_2^2}{n}\right)$

C. $\overline{X}+\overline{Y}\sim N\left(\mu_1-\mu_2,\dfrac{\sigma_1^2}{m}+\dfrac{\sigma_2^2}{n}\right)$　　D. $\overline{X}-\overline{Y}\sim N\left(\mu_1-\mu_2,\dfrac{\sigma_1^2}{m}+\dfrac{\sigma_2^2}{n}\right)$

3. 设随机变量 X，Y 的相关系数为1，若 $Z=X-0.4$，则 Y 与 Z 的相关系数为 (　　)

A. 1　　B. 0.4　　C. 0.6　　D. 无法确定

4. 若 $\xi\sim N(3,\ 0.16)$，则 $E(\xi)$ 和 $D(\xi)$ 分别是 (　　)

A. 3，0.04　　B. 3，0.16　　C. 9，0.16　　D. 9，0.04

5. 若 $\xi\sim B(10,\ 0.7)$，则 $D(2\xi+3)=$ (　　)

A. 7　　B. 2.1　　C. 8.4　　D. 11.4

6. 某公司在A，B，C三个生产基地生产同一种产品，产量分别占20%、45%和35%. 三个基地的产品各有30%、20%、25%在北京市场销售. 任取一件此产品，它可能销往北京市场的概率为 (　　)

A. 0.2365　　B. 0.2465　　C. 0.2475　　D. 0.2375

7. 设独立随机变量 X，Y 分别服从标准正态分布，则 $X+Y$ 服从 (　　)

A. $N(2,\ 0)$　　B. 自由度为2的 χ^2 分布

C. $N(0, 2)$　　　　D. 不能确定

8. 设 $P\{X=n\}=a^n(n=1, 2, \cdots)$，且 $E(X)=1$，则 $a=$　　（　　）

A. 1　　B. $\frac{3-\sqrt{5}}{2}$　　C. $\frac{1}{3}$　　D. $\frac{\sqrt{5}-1}{2}$

9. 下列结论不正确的是　　（　　）

A. 若事件 A 与 B 独立，则 $\overline{A}$ 与 B 独立

B. 事件 AB 不相容，则 A 与 B 独立

C. n 个事件两两独立不一定相互独立

D. 随机变量 ξ 和 η 独立，则二者不相关

10. 甲乙两人各投掷 n 枚硬币，理想状态下甲乙两人掷得正面数相同的概率为（　　）

A. 0　　B. $\sum_{k=0}^{n} C_n^k$　　C. $\left(\frac{1}{2}\right)^{2n} C_{2n}^n$　　D. $\left(\frac{1}{2}\right)^{2n}$

11. 设独立随机变量 X，Y 分别服从标准正态分布，则 $X+Y$ 服从　　（　　）

A. 二项分布　　B. χ^2 分布　　C. $N(0, 2)$　　D. 不能确定

12. 对于任意事件 A 与 B，有 $P(A-B)=$　　（　　）

A. $P(A)-P(B)$　　B. $P(A)-P(B)+P(AB)$

C. $P(A)-P(AB)$　　D. $P(A)-P(A\bar{B})$

13. 在线段 $[0, a]$ 上随机投掷两点，两点间距离大于 $\frac{a}{2}$ 的概率为　　（　　）

A. 1　　B. 0.75　　C. 0.5　　D. 0.25

三、计算题

1. 房间里有10个人，分别佩戴从1号到10号的纪念章，任选3人记录其纪念章的号码，求：

（1）最小号码为5的概率；

（2）最大号码为5的概率.

2. 设随机变量X具有如下分布律：

X	-2	1	2	3
p_k	3/10	2/10	1/10	4/10

求：（1）$E(X)$，$D(X)$；

（2）$Y=X^2-1$的分布律；

（3）随机变量Y的分布函数$F(y)$.

3. 有一台用来检验产品质量的仪器，已知一只次品经检验被认为是次品的概率是0.99，而一只正品经检验被认为是次品的概率是0.005. 已知产品的次品率为4%，若一产品经检验被认为是次品，求它确实是次品的概率.

4. 一硬币一面标有数字1，另一面标有数字2，将硬币抛两次，以X表示第一次、第二次出现的数字之和，以Y表示第一次出现的数字减去第二次出现的数字，求X和Y的联合分布律及边缘分布律.

5. 设（X，Y）的概率密度为

$$f(x, y)=\begin{cases} e^{-y}, & 0<x<y, \\ 0, & 其他, \end{cases}$$

（1）求概率$P\{X+Y<1\}$；

（2）求边缘概率密度$f_X(x)$，$f_Y(y)$.

6. 若二维随机变量（X，Y）在区域$\{(x,\ y)|x^2+y^2\leqslant R^2\}$上服从均匀分布，求（$X$，$Y$）的密度函数.

7. 将一枚硬币抛掷三次，以 X 表示在三次中出现正面的次数，以 Y 表示三次中出现正面的次数与反面的次数之差的绝对值，求 X 和 Y 的联合分布律.

8. 从一批零件的毛坯中随机抽取8件，测得它们的质量（单位：kg）为

230，243，185，240，228，196，246，200.

求样本均值、样本方差、样本二阶原点矩、样本二阶中心矩.

9. 某种电子元件的寿命服从均值为100h的指数分布，现随机取出16只，设它们的寿命相互独立，求这16只元件的寿命的和大于1920h的概率.

10. 设总体 X 服从参数为 θ 的指数分布，即 X 的概率密度为

$$f(x)=\begin{cases}\dfrac{1}{\theta}e^{-\frac{x}{\theta}}, & x>0,\\ 0, & x\leqslant 0,\end{cases}$$

其中，$\theta>0$ 为未知，X_1，X_2，…，X_n 为 X 的一个样本，求 θ 的矩估计量和最大似然估计量.

11. 一地区的农民的年均收入服从 $\mu=500$ 元、$\sigma=20$ 元的正态分布.

（1）求该地区的农民的年均收入在500~520元间的人数的百分比；

（2）若要使农民的年均收入在 $(\mu-a,\ \mu+a)$ 内的概率不小于0.95，则 a 至少为多大?

（3）求3个农民中至少有一个年均收入在500~520元间的概率.

四、证明题

设 X_1，X_2，X_3 是总体 X 的样本，证明：估计量

$$\hat{\mu}_1=\frac{2}{3}X_1+\frac{1}{6}X_2+\frac{1}{6}X_3,$$

$$\hat{\mu}_2=\frac{1}{2}X_1+\frac{1}{8}X_2+\frac{5}{8}X_3,$$

$$\hat{\mu}_3=\frac{1}{7}X_1+\frac{3}{14}X_2+\frac{9}{14}X_3$$

都是总体 X 的均值 $E(X)$ 的无偏估计量，并判断哪一个估计量更有效.